소고기의 과학적 인문학

가볍게 읽히고 · 쉽게 이해되고 · 저절로 기억되는

소고기의
과학적 인문학

소와 사람 근육의 해부학적인 비교 분석

박희찬 지음

■ 목 차

■ 머리글

    아마도 인류 역사에 있어 소라는 동물과의 인연(因緣)은 악연(惡緣)이든 필연(必然)이든 간에 끊으려야 끊을 수 없는 애증의 연분(緣分)이라 할 만하다. 특히 우리나라 중년분들 대다수에게, 커다란 눈망울과 속눈썹을 가진 이 거대한 짐승은 아마도 잔잔하면서도 포근한 시골의 이미지를 떠올리게 하는 존재일 텐데, 필자 역시 어릴 적 기억의 조각들을 회상하다 보면 봄날의 햇살 같은 소의 이미지가 떠오르곤 한다.

    그러나 이 풍진 세상을 살다 보니 날이 갈수록 인류는 영악해지나 소는 그대로인 관계로, 이제 우리의 소는 마을과 떨어진 외딴 논바닥 한가운데 설치된 대형 축사에서 몇백 마리씩 집단으로 사육되면서, 소고기 이력제에 의해 그 어미 소, 아비 소, 할미 소, 할아비 소까지 마치 현대판 연좌제(緣坐制)처럼 추적당하고, 근육에 끼는 기름 덩이까지도 마블링(Marbling)이란 상술로 관리 감독 당하면서, 이제는 소고기도 성적표로 접하는 세상이 되어버렸다. 게다가 이 불쌍한 피조물은 오직 인류를 위해 먹히기 위해 태어나는 고기 제공자로, 또 탄수화물을 단백질로 전환해 주는 매개체(Transformer)로서 취급당하고 있는 비참한 현실이라 하겠다.

    인간 역시 먹어야 살기에 비록 어쩔 수 없이 우리의 배만큼은 이러한 소고기의 단백질로 채우더라도, 우리가 맹수와 같은 포식자와 다르다고 할 수 있는 것은 우리의 마음과 머릿속만큼은 과학적 지식과 인문학적 여유로 채울 수 있다는 점이다. 이에 아주 미미한 첫걸음으로 현실에서 식탁에서 눈으로 입으로 확인할 수 있는 소고기에 대해 살펴보려고 한다.

우리가 식용으로 접하게 되는 소고기에 있어서 이 소의 고기, 즉 소의 근육이 사람의 어떤 근육에 해당하는지 가끔은 궁금증을 가지면서도, 이에 대한 체계적인 비교, 설명을 찾아보기란 쉽지 않았다. 필자 역시 소고기의 전문가나 육가공업자가 아닐뿐더러 당근 무슨 맛 칼럼니스트 이런 것을 하는 사람이 아니다. 그러나 젊었던 시절 인체 해부학을 2년이나 공부해야 했던 괴롭고 고통스러운 시간이 있었기에, 그 고달팠던 기억을 잠시 되살려 소와 사람의 근육을 해부학적으로 비교 분석하여 봄으로써 이에 대한 이해를 돕고자 하는 것이다.

소와 사람을 입장을 바꾸어 놓고 한번 생각해 보라! 인체 해부학이라 하면 조금은 으스스할 수도 있지만, 소고기의 예를 들어 비교하여 설명을 듣다 보면 아마도 훨씬 더 실감 나게 와닿으리라 생각된다. 이 책은 지겹게 외워서 살포시 날아가 버리는 휘발성 지식들만을 나열하고 있는 그런 유의 전문 서적이 아니다. 독자들에게 가볍게 읽히고, 쉽게 이해되고, 저절로 기억되는 색깔이 있는 책을 쓰고자 노력하였다. 또한 어떤 이에게는 꼭 필요했던, 그리고 앞으로도 필요한 그런 책을 쓰고자 하였다. 더불어 부가적으로 쉽게 얻을 수 있는 여러 관련 과학 지식에 대해서도 설명하였다.

2023. 5. 이팝나무가 정말 하얗게 핀 봄날에

M.D., D.D.S., Ph.D 박희찬

8612822@daum.net

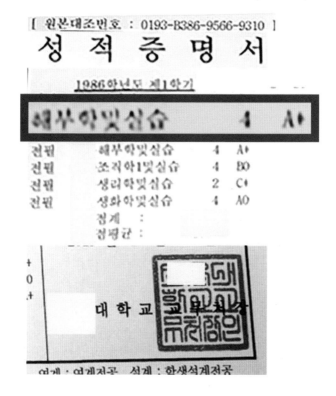

나이가 들수록 부끄러움을 모르게 되는 것 같다. 이 책의 원고를 정리하다 문득 찾아본 거의 40년 전 필자의 해부학 성적표다. 다른 과목은 C 학점도 있는데, 해부학만큼은 A+ 학점을 받았다. (쑥쓰!)

■ 들어가며

  먼저 '소고기'가 맞는 표현일까? 아님 '쇠고기'가 맞는 표현일까? 시작부터 벌써 '소'와 '쇠'에 있어서도 벌써 통일되지 못한 점이 발견된다. 결론은 이제 둘 다 맞는 표현이라는 건데……

  불과 얼마 전까지만 해도 '쇠고기'가 맞기 때문에 '소고기'란 용어는 쓰면 안 된다면서 여러 매체 등에서 바른 우리말을 쓰자는 운동이 있었다. 바른 우리말을 쓰자는데 반대할 이유도 능력도 없는 필자이지만, 그래도 주변 많은 사람이 자연스럽게 쓰는 말이 '소고기'임에도 불구하고 왜 억지스럽게 '쇠고기'를 쓰자는 주장에는 사실 동감하지 못하였었다. 그러다 어느 날 슬그머니 둘 다 맞는 표준어라고 인정하여 버리니, 오히려 필자 스스로가 머쓱해져 버렸었다.

  이와 비슷한 예는 한둘이 아니다. 그 대표적인 예의 하나가 '짜장면'과 '자장면'이 아닐까 싶다. 모든 사람이 다 '짜장면'이라고 하는데 어느 날 갑자기 뉴스 아나운서부터 '자장면'이 바른 표현이라면서 항상 '자장면'이라 표기하니, '자장가'도 아니고 이러다간 언젠가는 '짜장가'를 표준어라고 할 법도 한 세상이다. 이 또한 이제는 '짜장면'과 '자장면'이 다 표준어라고 슬쩍 바꾸어 놓았는데, '머쓱'의 시즌2라 할 만하지 않은가?

  이와 유사하게, 바로 현재 소고기의 부위별 고기 명칭이 또한 이러하다. 지역별로, 상업적 판매 목적, 사투리 등 여러 이유에 있어 통일된 명칭이 없다 보니 동일한 부위, 동일한 근육의 고기를 놓고서도 이 사람, 저 사람이 부르는 말이 다 다르다. 일부만 인용하여 보면 아래와 같다.

'서대살, 낙엽살, 판머리, 장정육, 쐬악지, 갓머리, 새머리, 방아살, 볼기긴살, 뭉치살, 거란지, 달기살, 연엽살, 전각살, 새창, 대접살, 주라통, 발채, 구녕살, 고들개, 배받이살, 하연고기, 비역살, 곤자소니, 목정, 만하바탕, 쇠옹두리, 앞사귀머리, 수구레, 광대머리, 유창, 대접자루, 쇠서, 개씹머리, 쥐머리, 밑살, 널븐다대, 고들개머리, 가릿대, 곳살, 방심살, 위홍창, 깃머리, 부아, 우삼겹, 우대갈비, 쪽갈비, 황제갈비, 진갈비, 면양지, 거북살…' 등등 이외 다수.

아직도 한참 더 열거할 수 있지만, 이만하고….

보시다시피 도무지 어느 부위를 칭하는 것인지 모를 용어들을 사용할 뿐더러 그중에는 좀 상스러운 표현도 다수 있음을 알 수 있다. 이렇게나 부르는 명칭이 많으니 동일 부위의 고기를 그럼 어떻게 설명하여야 하나? 인치로 재고 센티로 기록하고, 킬로그램으로 재고 파운드로 기록하고, 리터로 넣고 갤런으로 결제하고? 허~

현재 우리나라의 고기 명칭이 이러다 보니 수입산 소고기와 그 부위를 대응시키는 것은 더 말할 나위도 없다. 그래도 다행스러운 것은 농림수산식품부와 식품의약품안전처의 「식육의 부위별·등급별 및 종류별 구분방법」 고시가 있어 그나마 법령으로서 통일된 용어의 기준점을 제시하였다는 점이라 하겠다.

그러나 이 고시 역시 많은 부족함을 가지고 있는데, 그 부족한 부분은 차차 본문에서 설명드리기로 하고, 일단은 이 「농림수산식품부 고시 제2011 - 50호(2011. 6. 1. 개정)」과 「식품의약품안전처 고시 제2013 - 153호(2013. 4. 5. 개정)」를 기준으로 말씀드리고자 한다.

한편 소고기의 식용으로서 부위 구분은 도살, 발골, 정형, 상품성, 판매, 편의성 등의 목적으로 분류된 관계로 반드시 해부학적인 근육의 명칭과 일치하지는 않는다. 또한 소의 근육이 반드시 사람의 근육과 일치하는 것도 아니다(대다수의 경우는 일치하지만).

이에 더해 설상가상인 점은 비교적 최근에 해부학적 근육의 공식 명칭을, 오래전부터 익숙하게 사용되어 왔던 한자식 이름을 순수한 우리말로 바꾼다는 미명하에 어설프거나 잘 쓰이지 않는 우리말 표현으로 바꾸는 바람에, 오히려 그 용어 개수를 늘려 놓았을 뿐만 아니라 같은 나라에서도 선학과 후학들 간에 다른 용어를 사용하게 만들어 놓았고, 이렇다 보니 일반인들의 입장에서는 늘어난 용어에 더욱더 이해가 어려울 지경이 되어 버렸다.

안 그래도 복잡하고 이해하기 어려운 부분이 해부학인데, 그분들은 왜 이렇게 또 새로운 '말'을 만들었을까? 복잡한 용어를 순수한 우리말로 바꾸어야 한다는 그분들의 가벼운 소명 의식과 싸구려 사명감을 이해 못 하는 바는 아니나, 새로운 과학적 발견도 아닐지언정 그간 다들 사용하는 익숙한 용어를 어느 날 갑자기 다른 말로 바꾸는 행위가 정당화될 수 있을까? 그것도 새로 바꾼 몇몇 용어는 억지스럽거나 유치하기까지 하다.

'순수한 우리말'이란 참 좋은 명제이고 이슈가 되는 점은 맞다. 그러나 우리말의 많은 부분이 한자이거나 한자에서 유래되었을 뿐만 아니라, 현재의 한자가 꼭 중국어를 의미하는 것도 아니다. 영어가 라틴어에서 유래되었다 해서 지금 영어가 이탈리아어를 의미하는가? 그래서 현재 영미권 사람들이 라틴어를 부정하던가? 중화인민공화국 자체에서도 기존의 한자를 버리고 간체자를 도입한 지 수십 년이 지났음에도 아직도 한자가 중국인만의 글자를 의미하는가? 남북한을 비롯하여 일본어, 베트남어의 많은 부분이 한자에서 유래되었음에도 불구하고, 이렇게 순수한 우리말 이름을 고집하는 것은 마치 필자의 이름 '박희찬(朴熹燦)'을 '나무껍질이 기쁘게 빛난다'라는 식으로 바꾸는 것과 다를 바 없다. 자, 해부학 용어를 순수한 우리말 명칭으로 고집하시는 분들의 성함도 다 저처럼 바꿔 보시길….

한자란 동아시아 사람들에게 영미권의 라틴어에 해당할 뿐이다. 마찬가지로 현재에 있어 한자란 중국어가 아니라 우리말의 일부이기도 한 것이다. 또 하나 그분들의 주장은 이렇다. 이해하기 힘든 복잡한 한자 용어를 쉬운 우리말로 바꾸어 놓았으니 얼마나 훌륭한 일을 하였는가 하는 것인데….

여보세요! 지금의 대한민국은 국민의 대다수가 4년제 대학을 졸업하는 고등교육의 대중화가 이루어진 나라랍니다. 또한 이전처럼 두꺼운 한자 옥편을 들고 부수를 맞추고 획수를 세어 가며 한자를 찾는 세상이 아니라 항상 주변에 있는 컴퓨터나 스마트폰으로 즉시 그 글자와 뜻을 확인하는 세상이에요. 이분들께서는 어느 별에서 오셨는지 몰라도, 지금의 대한민국은 초등학생부터 현역 군인에 이르기까지 모두 스마트폰을 쓰는 나라지요. 오히려 이렇게 말장난처럼 용어를 바꾸어 버리신 그대들이여. 기어코 이름을 다 바꾸어 놓으니 늘어난 그 용어에 어떻게 의사 전달이 더 쉬워지던가요? 수천 년 동안 오만(傲慢?)가지 글자만 만들어 온 중국인들처럼, 글자만 많으면 뭐가 좋아집디까? 비근한 예로 '동사무소'를 '주민센터'로, '좌측통행'을 '우측통행'으로, '국민학교'를 '초등학교' 등으로 바꾸면 그대들이 항상 주장하는 개혁이 되던가요?
그대들의 말장난에 부끄러움을 알기를.

마지막으로 하나 더, 작금의 전 세계는 하루가 멀다고 더욱 글로벌화되어 가는 세상이다. 어릴 적 해외 펜팔을 할 때 보름이 넘게 걸리던 항공우편도 이제는 인터넷을 통해 빛의 속도로 전달되고, 매년 수십만 명의 학생들이 어학연수를 떠나는 세상이다. 어려운 영어 용어를 쉬운 우리말로 바꾸었다고 하는 것이 이분들의 또 다른 주장인데, 그냥 영어로 하세요. 차라리 그래야 말이 하나라도 통일이 되지, 말을 자꾸 만들어 혼란만을 야기하는 일에 그렇게 사명감을 느끼는지? 게다가 바꿨다는 우리말이 오히려 낯설고 쓰이지 않는 말이라 더욱 혼란을 부채질하는 경우도 종종 있고.

여담으로, 70년대 우리말 쓰기 운동의 일환으로 축구 방송 중계를 보다 보면 '오른쪽 날개가 모서리 차기를 합니다. 문지기 앞으로 나오고 있습니다. 가운데 밭 달려갑니다.' 이렇게 중계를 했었는데, 그분들은 이런 상황을 원하는 걸까?

한편 영어 표현 중에 국회의원을 편하게 부를 때 'Law Maker'라고 하던데, 직역을 해 보면 '법 만드는 사람'이란 뜻이 된다. 만일 그분들을 영어로 표현한다면 아마 'Word Maker', 즉 '말 만드는 사람'이라 할 만하다. 'Word Maker'보다 'Word Processor'가 되시길.

하여튼 이리하여 소와 사람의 근육을 설명하기 위해서는 통일되지 않은 여러 용어가 너무나 많은 관계로, 앞으로 이어지는 글에서는 다음과 같은 원칙에 따라 정리하도록 하겠다.

1) 소고기 부위 명칭과 분류에 있어서는 「농림수산식품부 고시」를 기준으로 하겠으며, 이 책의 뒷부분에 첨부되어 있다.

2) 새로 바꾼 어설픈 우리말 용어가 아닌, 그동안 가장 오래, 가장 많이 사용되어 온 해부학 용어를 기준으로 하였으며, 가급적 영문, 때론 라틴어를 병기하였다.

3) 글로 된 설명만으로 부족한 부분이 많기 때문에, 가급적 사진과 그림 그리고 표를 첨부하여 이해를 돕도록 하였다.

4) 유튜브 「성골진골」의 '소고기의 과학적 인문학'에서 동영상으로도 시청할 수 있으며, 그 URL은 다음과 같으나 그 URL이 복잡하므로 오히려 「성골진골」을 검색한 후 재생목록 '소고기의 과학적 인문학' 편에서 시청하는 것이 더 빠를 수도 있다.
https://www.youtube.com/playlist?list=PLtUPxDzCwRrUaMuruF0YSsvIzZGwqLITd

  유튜브에서 '성골진골'을 검색하세요.

5) 설명의 신뢰성과 정확성을 위하여 여러 참고 문헌과 인터넷 사이트를 인용, 참조하였는데, 그 출처를 정리하여 보면 아래와 같다. 당연히 상업적 의도란 전혀 없음을 밝혀 둔다. 그럼에도 불구하고, 혹시라도 의도치 않은 저작권 등의 문제가 발생하는 경우 바로 사과, 수정, 삭제하도록 하겠다.

* www.meatlab.co.kr
* www.catholicnews.co.kr
* www.imaios.com
* www.kenhub.com
* www.sanoee.co.kr
* www.dbcphysioasia.com

- www.huffpost.com
- www.peakptfitness.com
- www.baselinehealing.com
- www.lmmeats.ca
- www.astronomer.rocks
- https://kr.freepik.com
- https://ko.greenlea.co.nz/corporate
- https://geeple.tistory.com/12
- https://radiopaedia.org
- http://majanguncle.com
- www.deadrooster.com
- www.yourhousefitness.com
- www.rehabmypatient.com
- www.strengthlog.com
- https://vanat.cvm.umn.edu
- https://jesspryles.com
- https://themeat.tistory.com/8711
- https://wallpapercave.com
- https://yoocanfind.com/Story/1224
- https://wall.alphacoders.com/big.php?i=990246
- https://m.blog.naver.com/sunnuk/140162714487
- https://m.blog.naver.com/oandc80/221979633589
- https://blog.daum.net/wisknow/16018314
- https://m.blog.naver.com/PostView.naver?isHttpsRedirect=true&blogId=hegelia1&logNo=221565053924
- www.youtube.com/watch?v=cefl8Z13G0Y
- www.youtube.com/watch?v=pG420OhtzmY
- www.youtube.com/watch?v=mm6JUiORPBc&t=1503s
- www.youtube.com/watch?v=mAYX94nHQnA
- Miller's Anatomy of the Dog, 4th Edition – Evans & de Lahunta– Elsevier
- Anatomie comparée des mammifère domestiques – 5th edition – Robert Barone – Vigot
- Illustrated Veterinary Anatomical Nomenclature – 3rd edittion – Gheorghe M. Constantinescu, Oskar Schaller – Enke

- Veterinary Anatomy of Domestic Mammals: Textbook and Colour Atlas, Sixth Edition - Horst Erich König, Hans-Georg Liebich - Schattauer - ISBN-13: 978-3794528332

- CVM Large Animal Anatomy Copyright © by rlarsen

- Dr. Mae Melvin/Centers for Disease Control and Prevention (CDC) (Image Number: 1515)

- www.veterinaryparasitology.com

- www.dpd.cdc.gov/dpdx

- 고기박사 필로 교수가 알려주는 82가지 고기수첩, 2012. 9. 5., 주선태, 김갑돈

- 스테이크 해부학(brunch.co.kr)

- 〈위키피디아〉

- 〈나무위키〉

- 놀라운 무료 이미지- Pixabay

- 미래한국 Weekly(http://www.futurekorea.co.kr)

- 팜인사이트(http://www.farminsight.net)

감사합니다.
8612822@daum.net
M.D., D.D.S., Ph.D 박희찬

본문 중에 사용된 약어 m. 은 muscle(근육)을 의미하며, 그 외 약어가 사용된 경우에는 반드시 본문 중에 설명하였다.

Chapter I

소와 사람의
해부학적 차이점

아주 간단한 몇 가지의 비교이므로 혹시 제목부터 보시고 복잡한 얘기일 것이라는 생각에 지레 겁먹지 말기를 바란다.

01 | 까치발로 서 있는 동물들

자, 우리가 흔히 아는 소의 그림이다.

그림 1

이 소의 그림에 실재 골격을 투영하여 보면 다음과 같다.

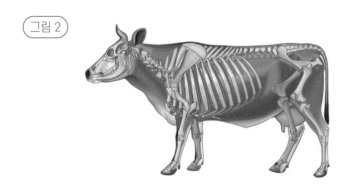

그림 2

위의 소의 골격을 여러분들이 기존에 알고 있던 인체 골격과 비교하여 볼 때 어떻게 느껴지는가? '뭐, 특별한 게 있나? 사람이 그냥 엎드린 거랑 비슷한 거지!'라고 생각하는 게 지극히 당연한 생각일 수 있다. 필자 역시 오랫동안 그렇게 생각해 왔으니까. 그러나 [그림 3]에서처럼 빨간색이 칠해진 부분을 유심히 들여다보고 있노라면, 혹시 발견하였는지? 아님, 아직?

그림 3

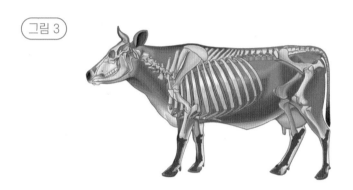

그렇다. [그림 3]에서처럼 빨간색이 칠해진 부분, 바로 그 부분이 소가 사람하고 다른 점이다. 언뜻 보기에는 저 빨간 부분이 사람의 팔의 전완부(Forearm, 소의 앞다리의 경우)나, 종아리 부분(Lower leg, 소의 뒷다리의 경우)으로 보이지만, 골격을 다시 한번 찬찬히 꼼꼼히 비교하여 보라! 어떤가? 이 빨간 부분은 분명 사람의 손바닥이나 발바닥에 해당한다. 즉, 소를 비롯한 많은 네발짐승은 이렇게 발바닥을 들어 올린 채로, 사람의 경우라면 까치발을 한 모양으로 서 있고 보행하는 것이다. 마치 발레리나의 발가락처럼 말이다.

그림 4

물론 소, 말, 개… 등등에서 그 정도의 차이는 있지만 사람처럼 발바닥 전체를 땅에 대고 걷는 짐승은 유인원이나 몇몇 유대류(有袋類, Marsupials)에 불과하다 한다. 좀 더 이해를 돕기 위해 소의 그림을 과장되게 다시 그려 보면 다음과 같다.

소가 서 있는 형태는 사람의 까치발 형태로, 마치 발레리나의 발 모양에 비유할 수 있다.

결론을 말하자면 사람은 다른 사족보행 동물들과는 달리 발바닥을 땅에 안정적으로 붙이고 직립보행을 하는 형태로 진화함으로써 자유로운 앞발(팔)을 가지게 되었고(Homo Erectus), 이로 인해 여러 도구 사용이 가능해짐으로써(Homo Faber), 네발짐승들과는 다른 현재의 인류 문명을 이루게 되었다고 할 수 있다.

그렇다고 오만하게도 사람만이 지구의 최후의 승자라고 할 수만은 없는 것이, 다른 모든 생명체도 나름 독창적이고 때로는 창조적인 방법으로 진화를 이루어 왔는데, 그 몇 가지 예를 들어 보면 다음과 같다.

이에 대해서는 Satoshi Kawasaki라는 일본 분의 그림이 너무나도 명료하게 잘 표현하고 있는 관계로 이를 인용하여 설명하도록 하겠다.

필자의 경우 어릴 적부터 생각하길, 마치 소라나 골뱅이의 몸만을 껍질로부터 쏙 빼내는 것처럼, 거북이 등껍질로부터 거북이를 쏙 잡아 빼면 어떻게 될까 생각하곤 했었는데, 나이가 들어서도 정말 철(Fe?)없이 농담으로 주변인들한테 "거북이의 몸만 등껍질로부터 빼낼 수 있는가?" 하고 물어보곤 하였다. 그러면 대개의 대답은 "속에 뭐가 걸려 있어서 그게 그렇게 쏙 빠져나오지는 않을걸?" 하곤 했었다. 그러던 차에 필자 나름대로 여러 서적과 그림을 찾아보았으나, 대개는 복잡하고 장황한 설명들일 뿐 거북이를 왜 등껍질에서 빼내지 못하는가에 대한 해답은 얻을 수가 없었는데, 그러던 중 Satoshi Kawasaki의 저 그림을 보면서 그 모든 것을 명쾌하게, 단 한눈에 이해할 수가 있게 되었다.

그림 6

거북의 등껍질은 갈비뼈(Ribs)의 진화 산물이다.

그림 7

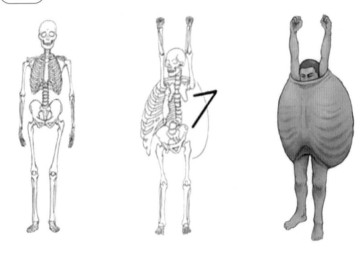

사람으로 치면 마치 어깨와 골반이 갈비뼈(Ribs) 안으로 말려 들어간 형태라 할 수 있다.

[그림 6]에서 보듯이 거북이의 등껍질은 갈비뼈(Ribs)의 변화 산물로 갈비뼈 안으로 몸통이 말려 들어간 것이다. 결국 거북이는 갈비뼈 안에 숨어 있는 형태이므로, 소라나 골뱅이처럼 몸만 쏙 빼어낼 수는 없는 구조인 셈이다.

위의 거북이의 예처럼, 소와 같은 사족 보행 동물의 까치발 걸음과 사람의 발바닥 걸음을 비교해부학적인 관점에서 다른 동물들의 걸음과 비교해 보도록 하자. 이 또한 Satoshi Kawasaki의 영감을 주는 그림을 인용하여 설명해 보도록 하겠다.

그림 8

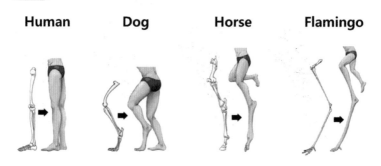

Human　　**Dog**　　**Horse**　　**Flamingo**

　정도의 차이야 있지만, 사람을 제외한 대다수 동물은 까치발의 형태로 서 있는 것을 보여주며, 조류로 갈수록 발바닥의 길이가 늘어나면서 가늘어지는 것을 알 수 있다.

　또, 아래 그림에서 보면 까치발로 서 있는 동물들의 다리를 사람의 발바닥에 해당하는 구두로 겹쳐 봄으로써 좀 더 확연히 이해할 수가 있다.

그림 9

a)

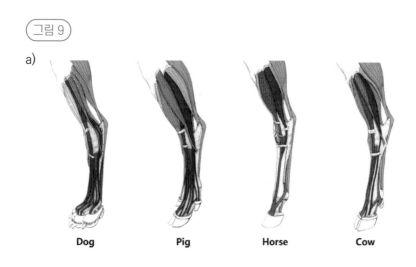

Dog　　Pig　　Horse　　Cow

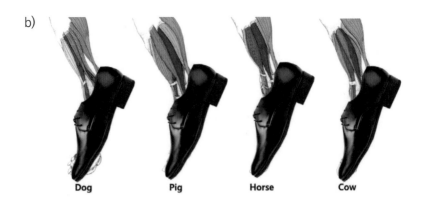

b)

Dog   Pig   Horse   Cow

한편 이 글의 주제인 소에 국한하여 사람의 발과 비교하여 보면, 나머지 발가락은 퇴화하거나 흔적으로만 남아 있고 오직 3번째 4번째 발가락만을 이용하여 까치발로 서 있는 형태라 하겠다.

그림 10

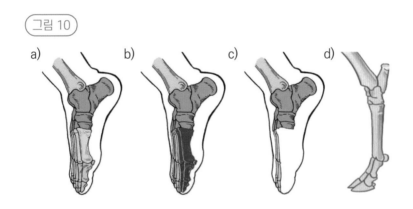

a)   b)   c)   d)

a) 까치발로 서 있는 사람의 발바닥과 그 골격

b, c) 소의 경우, 사람과 비교해 볼 때 1번째, 2번째, 5번째 발가락이
   퇴화하게 됨

d) 소의 발 골격. 오로지 3번째, 4번째 발가락만으로 까치발로 서 있는
   형태이다.

그렇다면 소가 서 있는 형태를 흉내 내어 사람이 3번째, 4번째 발(손)가락만을 이용하여 소처럼 서 보면 어떤 모양이 될까? 이 또한 Satoshi Kawasaki의 영감을 주는 그림을 인용하여 설명해 보면 다음과 같다.

그림 11

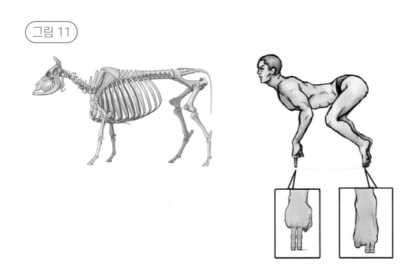

그래서일까? 육상 선수들의 달리기 시합에서 출발하는 모습을 볼 때, 일부 까치발의 형태가 나오는 것이 이 때문일까?(그림 12-a) 또 한편으론 젊은 여성들이 하이힐을 좋아하고(그림 12-b), 남성들은 이를 섹시하게 생각하는 것도 '까치발에서 비롯된 원초적인 본능의 관점에서 바라보기 때문 아닐까?'라는 어리석은 생각에 잠시 젖어 본다(賢問愚答).

그림 12   a)   b)

구제역과 수족구병

발굽을 가지는 동물을 유제류(有蹄類)라 하는데, 여기서 '제(蹄)'라는 글자는 발굽을 의미하는 한자인 '굽 제(蹄)'이다. 다시 말하면 발굽이 있는 동물이라는 뜻이다.

그림 13

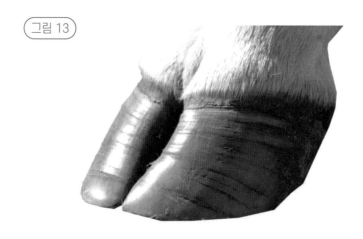

두 개로 갈라진 소의 발굽

한편, 잊을 만하면 한 번씩 방송에 나오는 구제역(口蹄疫)이라는 질환으로 인해 소를 비롯하여 많은 짐승이 살처분되는 안타까운 일들이 벌어지곤 하는데, 발굽을 가지는 동물, 즉 유제류(有蹄類)는 그 발굽 개수가 짝수인 '우제류(偶蹄

類)[1]"와 그 발굽 개수가 홀수인 '기제류(奇蹄類)[2]"로 나뉜다. 그중에서도 흥미로운 점은 우제류인 소, 돼지, 염소 등에서만 구제역이 발병한다는 점이다[3].

또한 구제역이라는 질환은 한자에서 보듯이 입(口)과 발굽(蹄)의 병(疫)이라는 뜻으로 글자 그대로 입과 발굽에 수포와 궤양이 생기는 전염성이 매우 강한 바이러스 질환으로, 영어로는 **FMD**(Foot & Mouth Disease)라고 불린다.

반면, 사람의 수족구병(手足口病, **HFMD**: Hand Foot & Mouth Disease)의 경우 원인 바이러스는 다르나 손(手), 발(足), 입(口)의 병(病)이라는 점에서, 또 동물들에게는 손이 없다는 점을 고려해 볼 때, 입과 발에 생기는 구제역과 수족구병은 많은 공통점을 가지고 있다. 영어로도 **FMD**(Foot & Mouth Disease)와 **HFMD**(Hand Foot & Mouth Disease)로 유사하게 불리는 것도 흥미로운 점이다.

---

1) 짝수를 의미하는 우수(偶數)를 연상해 보자.
2) 홀수를 의미하는 기수(奇數)를 연상해 보자.
3) 기제류인 말 등에서는 발병하지 않는다.

　어깨가 떡 벌어진 보디빌더들을 보다 보면(그림 14-a) 같은 남성으로서 다소간의 부러움을 느끼는 것은 사실이다. 한편 소를 조금 찬찬히 보다 보면 그 큰 몸집에 비하여 어깨가 다소 좁다고(그림 14-b) 느껴지지는 않는가? 이는 사실 사람에게만 존재하는 빗장뼈(쇄골, Clavicle) 때문인데(그림 14-c), 소를 비롯한 대다수 동물은 쇄골이 존재하지 않는 관계로 공통적으로 큰 몸집에 비해 어깨가 좁아 보이게 된다.

그림 14

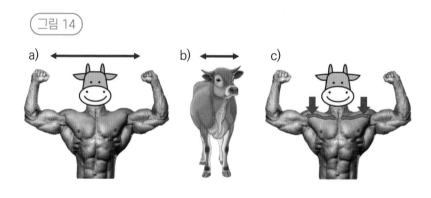

a)　　　　　　b)　　　　c)

　드물지만 사람에게서 태어날 때부터 쇄골이 만들어지지 않는 쇄골두개이형성증(鎖骨頭蓋異形成症, Cleidocranial Dysostosis)의 경우에서 보면(그림 15-a) X-ray상에서 온전한 쇄골을 찾아보기 힘들 뿐만 아니라(그림 15-b), 어깨를 앞으로 접으면 정상인에게서는 일어나기 힘들 정도로 심하게 굽혀지는 것을 볼 수 있다(그림 15-c).

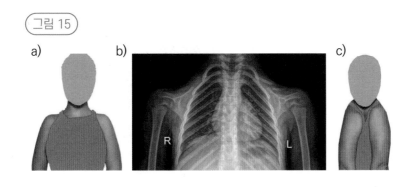

c) '일(ㅡ)' 자 형태의 어깨가 'ㄷ' 자 형태로 변한다.

이와 유사하게 소를 비롯한 대다수 사족 보행 동물들의 경우 쇄골이 없는 관계로, 사람의 '일(ㅡ)' 자 형태의 어깨가 아니라, 마치 양옆에서 압박한 듯하게(그림 16-a), 'ㄷ' 자 형태의 좁아 보이는 어깨를 가지게 되는데(그림 16-b), 이로 인해 사람에게는 등에 위치하는 견갑골(肩胛骨, Scapula)이 소의 경우에는 옆으로 위치하게 되므로(그림 16-c), 마치 팔(앞다리)이 길어진 것처럼 보이면서 견갑골의 내측 면(Medial Border)이 등 쪽으로 볼록하게 튀어나와 보이게 된다(그림 16-d).

그림 16

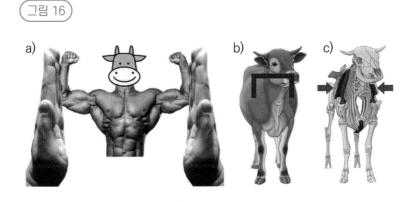

d)

03 | 척추뼈의 개수가 다르다

사람과 소는 척추(脊椎, Vertebrae)에 있어 경추(頸椎, Cervical vertebrae)의 개수는 동일하나, 흉추(胸椎, Thoracic vertebrae), 요추(腰椎, Lumbar vertebrae), 갈비뼈(肋骨, Rib)의 개수가 다르다.

그림 17

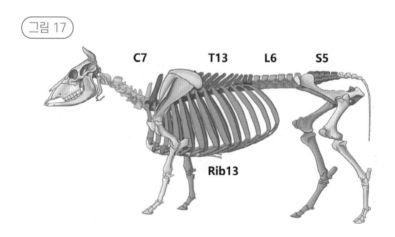

C7   T13   L6   S5

Rib13

사람의 경우 경추 7개, 흉추 12개, 요추 5개, 갈비뼈 12개이지만, 소의 경우는 경추는 7개로 동일하나 흉추는 13개, 요추는 6개, 갈비뼈는 13개로 이루어져 있다(그림 17). 기린처럼 목이 긴 짐승에서도 경추의 개수는 7개로, 대개 다른 동물에 있어서도 경추의 개수만은 7개로 일정하다.

04 | 그 외 다른 점

사람과 달리 소에게는 뿔과 꼬리가 있다는 점?

유대류(有袋類, Marsupials)

사전적 의미에서 유대류(有袋類, Marsupials)란 '태생 포유류'이지만 태반이 없거나 불완전하며, 어린 짐승은 완전히 성숙되지 않은 채로 태어난다. 대부분의 암컷 배 부분에는 육아낭이 있는데, 갓 태어난 어린 짐승은 어미가 핥아서 만든 길을 기어서 육아낭에 들어가 거기에 있는 젖꼭지에 도달하여 성장하는 포유류의 한 갈래라고 정의할 수 있다.

그림 18

a)

b)
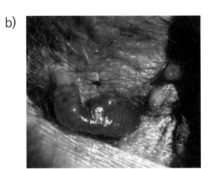

유대류의 대표적 동물인 캥거루와 그 육아낭

그런데 문제는 조금 낯설게 들리는 '유대(有袋)'라는 단어인데, '유대인(Judea人, 犹太人)'과는 아무 관련이 없는 이 단어는 뜻풀이상 '대(袋)가 있다(有)'라는 의미다. 이 대(袋)라는 것은 무엇을 말하는 걸까?

이는 '자루 대(袋)'라는 한자로서 주머니(Pouch)를 의미하는데, 유대류의 특징적인 육아낭(Pouch)에서 비롯된 이름으로 우리말의 부대(負袋) 자루, 포대(包袋) 자루, 마대(麻袋) 자루 등에서 그 예를 찾아볼 수 있다.

영어 이름 Marsupials 역시 주머니(Pouch)를 의미하는 라틴어 'Marsupium'에서 유래된 것으로, 낭종 등의 질환에서 그 완전한 적출이 불가능할 경우 절개 면을 벌려 앞이 열린 주머니 모양의 공간을 만든 후 안쪽에서부터 천천히 상처가 차오르면서 치유되도록 하는 수술 방법인 Marsupialization(조대술, 造袋術, 주머니형성술)과 그 어원을 같이 하고 있다.

그림 19

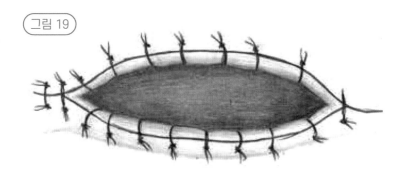

Marsupialization(조대술, 造袋術, 주머니형성술)

소의 도축 후
소고기의 분할

소를 도축하여 머리 제거, 우족 제거, 박피, 내장을 적출하고 난 상태를 지육(枝肉, Carcass)이라 하고(그림 20, 21-a), 이를 길이(전후) 방향으로 정중앙에서 절단한 것을 이분체(Half Carcasses)라 하며(그림 21-b), 이를 또다시 가슴과 배 부위에서 앞과 뒤로 절단한 것을 각각 전사분체(Forequarter)와 후사분체(Hindquarter)라 한다(그림 21-c).

그림 20

지육(枝肉, Carcass)

그림 21

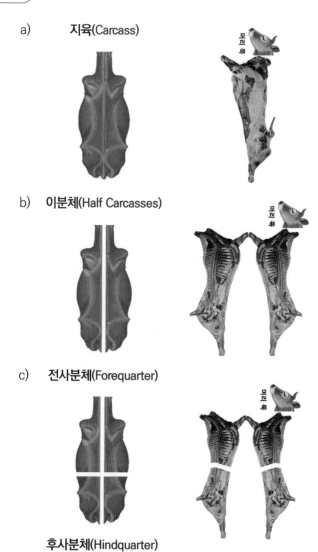

a) **지육(Carcass)**

b) **이분체(Half Carcasses)**

c) **전사분체(Forequarter)**

후사분체(Hindquarter)

그리고 나서 몇 개의 큼직한 덩어리 형태로 분할한 것을 대분할육(Primal cuts)이라 한다(그림 22).

그림 22

a) 한국의 쇠고기 대분할 10개 부위

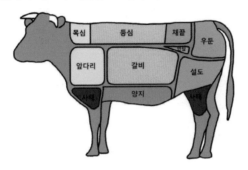

b) 북미식 쇠고기 대분할 8개 부위

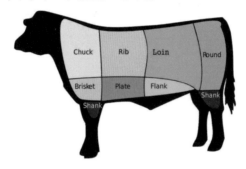

c) 북미식 쇠고기 대분할 8개 부위를 미국 지도에 빗대어 그린 그림

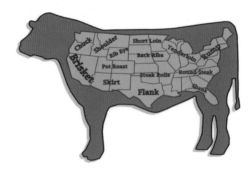

위 그림은 내, 외측의 구분이 안 되는 관계로 대략적인 위치만을 표시

한 그림임을 밝혀 둔다.

이렇듯 한국식과 북미식 쇠고기 분할 방식이 다르지만 그래도 이를 아주 대략적으로만 비교하여 보면, 한국식 '목심과 윗등심' 부위를 'Chuck'으로, 한국식 '꽃등심과 아래등심'을 'Rib'으로, 한국식 '채끝, 안심, 우둔과 설도의 일부'를 'Loin'으로, 한국식 '우둔과 설도'를 구분하지 않고 'Round'로 단순화하는 반면, 한국식 '양지'를 'Brisket, Plate, Flank'로 세분하는 것 등이 크게 다른 점이라 하겠다.

한편 이 대분할육에서 39개의(한국식 기준) 소분할육(Subprimal cuts)들이 나오게 되는데, 이 소분할육 상태로 대형마트나 식당 등에 공급되며 이들 업체에서 이 소분할육들을 추가 절단하여 소비자에게 판매 가능한 상태로 만들게 된다(그림 23).

(눈을 씻고 보아도 '특수부위'라는 부위는 존재하지 않음을 알 수 있다. ㅎㅎ)

(그림 23)

대분할 10개 부위	소분할 39개 부위	대분할 10개 부위	소분할 39개 부위
1. 목 심	목심살	8. 양 지	1) 양지머리
2. 등 심	1) 윗등심살		2) 차돌박이
	2) 꽃등심살		3) 업진살
	3) 아래등심살		4) 업진안살
	4) 살치살		5) 치마양지
3. 채 끝	채끝살		6) 치마살
4. 안 심	안심살		7) 앞치마살
5. 앞다리	1) 꾸리살	9. 사 태	1) 앞사태
	2) 부채살		2) 뒷사태
	3) 앞다리살		3) 뭉치사태
	4) 갈비덧살		4) 아롱사태
	5) 부채덮개살		5) 상박살
6. 우 둔	1) 우둔살	10. 갈 비	1) 본갈비
	2) 홍두깨살		2) 꽃갈비
7. 설 도	1) 보섭살		3) 참갈비
	2) 설깃살		4) 갈비살
	3) 설깃머리살		5) 마구리
	4) 도가니살		6) 토시살
	5) 삼각살		7) 안창살
			8) 제비추리

한국식 대분할 10개 부위와 소분할 39개 부위. 「농림수산식품부 고시 제2011-50호(2011. 6. 1. 개정)」 식육의 부위별·등급별 및 종류별 구분 방법

그러므로 이 책에서는 이상의 한국식 대분할 10개 부위에 맞추어서 순서대로 설명토록 하겠다.

이때 1. 목심, 2. 등심, 3. 채끝, 4. 안심은 서로 인접하고 연속된 부위라 설명과 이해하기가 쉬운 관계로 먼저 이 부분부터 시작하도록 하겠다(그림 24).

그림 24

스테이크와 로스구이

스테이크(Steak)란 다들 알다시피 한 덩이 고기처럼 두툼하게 썰어서 요리하는 방식으로, 굽는 정도에 따라 가장 덜 익은 Blue Rare, Rare, Medium Rare, Medium, Medium Well, Well Done의 순으로 분류된다.

그렇다면 로스구이란 어떻게 하는 걸까? 언제부터인가 대체로 1cm 미만으로 고기를 얇게 썰어서 가스 불과 고기 불판에서 구워 먹는 방식을 로스구이라 부르고 있는데, 도대체 어디에서 유래가 된 말일까? '로스+구이'라고 나누어서 이해해 보면 '로스'라는 물체를 불에 구워 먹는다는 뜻이 돼 버리는데, '로스'가 뭔데 구워 먹는다는 걸까? ㅎ

사실 이 '로스'라는 용어는 영어의 '로스트(Roast, 굽다)'에서 유래되었다는데, **'로스트'**의 **'로스'**만을 따온 것도 부적절할뿐더러, '로스(굽다)+구이'라는 표현은 '굽다'라는 말을 두 번 사용하는 것이라 이 또한 결코 좋은 표현이라 할 수 없다. (우리말의 역전앞(前+앞)이란 단어 역시 앞이라는 말이 두 번 쓰이는 것이라 부적절한 표현이라 하겠는데, 이런 유사한 예로 처가+집, 고목+나무 등의 예를 들 수 있다) 그러므로 이런 로스구이 같은 엉터리 표현을 쓰느니, 그냥 불판구이 등으로 바꿔 쓰면 어떨까?

이런 유사한 예로 '노이로제'와 '엑기스' 등의 용어를 들 수 있는데,

– 노이로제: 주변에서 흔히 극심한 스트레스 등을 받으면 '하아~ 노이로제 걸린다.' 또는 '노이로제에 빠진다'라는 표현을 쓰는데 노이로제란 뭘까? 먹는 건 아닐 테고, 아제 아제 바라아제도 아닐 터… 허~

답: 신경증(神經症, Neurosis)의 독일어 'Neurose'를 독일 발음으로 읽으면 '노이로제'가 된다.

– 엑기스: 진액, 농축액의 의미로 그간 많이 사용된 용어인데, 그 원래 어원이 뭘까?

답: 영어 혹은 네덜란드어 'Extract'에서 Ex만을 따서 Ex를 일본식 가타카나 'エキス(에키스)'로 부르던 걸 우리말로 받아들인 결과다.

Chapter III

목심

농림수산식품부 고시에 따른 소고기의 대분할 10개 부위와 소분할 39개 부위 중에서 제일 먼저 목심과 목심살에 대하여 살펴보도록 하겠다.

그림 25

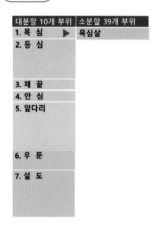 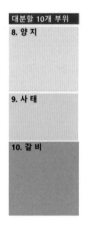

농림수산식품부 고시에 따른 정의

• 대분할

- **목심**: 제1~제7목뼈(경추) 부위의 근육들로서 앞다리와 양지 부위를 분리한 후, 제7목뼈와 제1등뼈(흉추) 사이를 절단하여 등심 부위와 분리한 후 정형한다.

• 소분할

- **목심살**: 머리 및 환추최장근, 반가시근(반극근), 널판근(판상근), 목마름모근(경능형근), 목가시근(경극근), 긴머리근(두장근), 상완머리근(상완두근) 및 긴목근(경장근)으로 구성된다.

이를 각각 그림과 표로 정리하여 보면 다음과 같다.

그림 26

목심은 경추 1번에서 경추 7번 부위의(붉은색 표시) 근육들이다.

표 1

머리 및 환추최장근	環椎最長筋	Longissimus capitis m. Longissimus atlantis m.
반가시근(반극근)	半棘筋	Semispinal m.
널판근(판상근)	板状筋	Splenius m.
목마름모근(경능형근)	頸菱形筋	Rhomboid m.
목가시근(경극근)	頸棘筋	Spinalis cervicis m.
긴머리근(두장근)	頭長筋	Longus capitis m.
＊ 상완머리근(상완두근)	上腕頭筋	Brachiocephalic m.
＊ 긴목근(경장근)	頸長筋	Longus colli m.

소고기의 목심살을 구성하는 근육들(향후 약어 m.은 muscle(근육)을 의미함)

아마도 위에 나열된 근육들이 생소하고 어렵게 느껴지는 것이 너무나도 당
연한 일일 텐데, 이 근육들은 다음 등심 편에서 자세히 다룰 예정이라 여기
서는 가볍게 표로 정리하는 정도로만 이해하도록 하고, '별' 표시가 있는 상
완두근과 경장근에 대해서만 아주 짧게 설명토록 하겠다. 먼저 상완두근(上

腕頭筋, Brachiocephalic m.)은 사람에게서는 대칭되는 근육이 존재하지 않는 소와 같은 사지동물에서만 관찰되는 독특한 근육이다(그림 27).

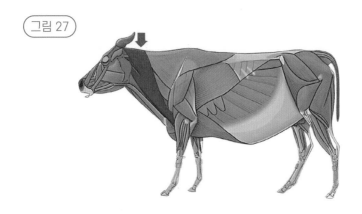

그림 27

빨간색 화살표가 가리키는 붉은 부분이 상완두근(上腕頭筋, Brachiocephalic m. **Brachio = Arm, cephalic = head)**에 해당된다.

또 다른 '별' 표시를 한 경장근(頸長筋, Longus colli m., **Longus = Long, colli = neck**)은 경추와 흉추의 아래(복측 Ventral) 부분에 바짝 붙어서 주행하는 근육으로, 목 부분에 위치한 부분은 목심에 포함시키기도 하지만, 만일 흉추까지 이어지는 부분까지 분리해 낸다면 바로 이 부분을 '제비추리(Rope meat, Neck chain m.)'라 부르게 된다.

등심

다음으로는 농림수산식품부 고시에 따른 소고기의 대분할 10개 부위와 소분할 39개 부위 중에서 등심과 이의 소분할육인 윗등심살, 꽃등심살, 아래등심살, 살치살에 대하여 설명토록 하겠다.

그림 28

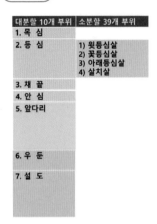 

<농림수산식품부 고시에 따른 정의>

· 대분할

– **등심**: 도체의 마지막 등뼈(흉추)와 제1허리뼈(요추) 사이를 직선으로 절단하고, 배최장근의 바깥쪽 선단 5cm 이내에서 이분체 분할정중선과 평행으로 절개하여 갈비 부위와 분리한 후, 등뼈와 목뼈(경추)를 발골하고 제7목뼈와 제1등뼈 사이에서 이분체 분할정중선과 수직으로 절단하여 생산한다. 어깨뼈(견갑골) 바깥쪽의 넓은등근(광배근)은 앞다리 부위에 포함시켜 제외시키고, 과다한 지방 덩어리를 제거 정형하며 윗등심살, 꽃등심살, 아래등심살, 살치살이 포함된다.

- **소분할**
  - **윗등심살**: 대분할된 등심 부위에서 제5등뼈(흉추)와 제6등뼈 사이를 이분체 분할정중선과 수직으로 절단하여 제1등뼈에서 제5등뼈까지의 부위를 정형한 것.
  - **꽃등심살**: 대분할된 등심 부위에서 제5~제6등뼈(흉추) 사이와 제9~제10등뼈 사이를 이분체 분할정중선과 수직으로 절단하여 제6등뼈에서 제9등뼈까지의 부위를 정형한 것.
  - **아래등심살**: 대분할된 등심 부위에서 제9등뼈(흉추)와 제10등뼈 사이를 이분체 분할정중선과 수직으로 절단하여 제10등뼈에서 제13등뼈까지의 부위를 정형한 것.
  - **살치살**: 윗등심살의 앞다리 부위를 분리한 쪽에 붙어있는 배 쪽 톱니근(복거근)으로 윗등심살 부위에서 배최장근과의 근막을 따라 분리하여 정형한 것.

그러나 위 정의를 읽어 보신 분들, 어떻게 좀 감이 오시는지? 대개 이렇게 글로만 쓰인 경우, '안개 속의 두 그림자'처럼 '오리(Duck) 무중력(無重力)' 상태에 빠져 버리는 게 다반사인데, 하지만 만약 이를 '사람에 있어서의 어느 부위, 사람에 있어서의 어느 근육에 해당된다.'라고 설명한다면 훨씬 더 쉽게 이해되지 않을까?

그렇다. 바로 이렇게 '이 소고기 부위가 사람의 어디'라고 하는 식의 대칭과 비교를 통해, 그리고 부가적으로 여러 그림을 첨부하고 설명함으로써 그 빠른 이해를 돕고자 하는 것이 바로 이 책을 쓰는 이유라 하겠다.

01 | 등심의 개요

소 등심의 위치를 개략적으로 그림으로 표현하여 보면 다음과 같다.

그림 29

앞서 언급한 바와 같이 소와 같은 사족 보행 동물의 경우는 빗장뼈(쇄골, Clavicle)가 없는 관계로 '일(—)' 자형이 아닌 'ㄷ' 자 형태의 좁은 어깨를 가지고 있고, 사람에 있어 등에 위치하는 견갑골이 소에 있어서는 등이 아니라 마치 앞다리의 일부처럼 양옆으로 위치하게 된다. 이는 마치 사람을 양쪽에서 압박하여 억지로 굽은 어깨를 만들어 놓은 형국과 유사하다 하겠다.

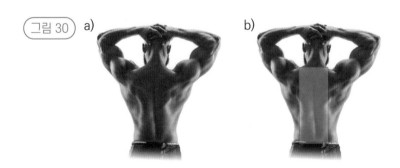

그림 30

c)

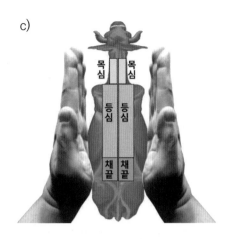

목심 목심
등심 등심
채끝 채끝

a) 사람의 등 근육

b) 사람 등에 있어 등심의 위치(노란색 음영, 견갑골의 하방에 위치함에 유의)

c) 소의 등심을 사람에 비유하자면 마치 사람을 양쪽에서 압박하여 억지로 굽은 어깨를 만들어 놓은 형국과 유사하다.

이렇게 양쪽으로 두툼하게 기둥처럼 등심을 이루는 근육은 단일 근육이 아니며 척추 높이에 따라 위, 아래 즉 수직적으로, 또 바깥에서 안쪽, 즉 수평적으로도 여러 근육으로 이루어지는데 이를 정리하여 보면 다음 표와 같다.

한편, [표 2]를 살펴보면서 정신이 아득해지는 분들이 있을 줄 안다. 그러나 그런 걱정은 접어놓고, '허~ 등심이란 정말로 많은 근육으로 이루어졌구나!' 하는 그런 느낌만을 가져 주길 바란다.

표 2

Extrinsic (Superficial) back m.	Superficial layer	Trapezius m.	
		Latissimus dorsi m.	
		Rhomboid major & minor m.	
		Levator scapulae m.	
	Intermediate layer	Serratus posterior sup. & inf. m.	
Intrinsic (Deep) back m.	Superficial layer	Splenius m.	
		Erector spinae m.	Spinalis m.
			Longissimus m.
			Iliocostalis m.
	Deep layer	Semispinalis m.	
		Multifidus m.	
		Rotatores m.	

등심을 구성하는 근육들

왜? 사실 여러 근육을 나열해 놓으니 복잡해 보일 뿐이지 사실은 [그림 31]과 같이 ① 팔을 등에 붙이기 위한 바깥쪽 근육(껍질 근육, 등심덧살)인 Extrinsic (Superficial) back m.과 ② 척추의 원래 기능인 등을 굽히고 세우는 기능을 하는(속 근육, 알등심) Intrinsic (Deep) back m. 2종류로 간단히 구분할 수 있기 때문이다.

그림 31

등심을 구성하는 근육은 크게 팔을 등에 붙이기 위한 근육과 척추를 세우는 근육으로 나눌 수 있다.

또한 이들 Extrinsic (Superficial) back m.과 Intrinsic (Deep) back m.은 다시 그 나름대로 바깥이냐 안쪽이냐에 따라 각각 Superficial layer, Intermediate layer와 Superficial layer, Deep layer로 구분할 수 있는데 (그림 32), 만약 여기에 대응되는 근육들의 이름까지 전부 다 정리해 보면 다시 이전 [표 2]로 요약할 수 있게 된다.

그림 32

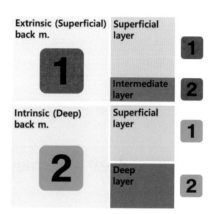

자, 이제 어떻게 조금은 눈에 들어오는지? 사실 아직은 눈에 안 들어온다 해도 이 글을 읽으면서 조금씩 설명을 듣게 되면, 천천히 그리고 확실하게 눈에 들어오고 익게 될 것이다. 또 하나, 등심(목심과 채끝도 유사)을 이루는 근육은 [표 2]에서 보듯이 단일 근육이 아니라 여러 근육이 척추를 기준으로 수직, 수평적으로 겹쳐지거나 이어지면서 하나의 기둥처럼 주행하는 관계로, 당연히 척추의 어느 높이에서 잘랐는가에 따라 그 구성 근육과 배열이 각기 상이하게 된다. 마치 컴퓨터 단층 촬영(CT, Computed Tomography) 시 그 높이에 따라 근육 배열이 다른 것처럼, 또는 계란말이나 김밥이 그 써는 위치에 따라 구성 내용물이 다른 것과도 유사하다 하겠다.

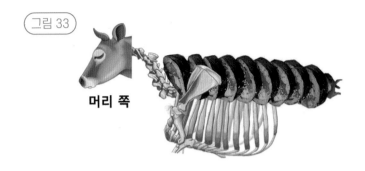

그림 33

머리 쪽

등심은 여러 근육으로 이루어진 큰 근육 기둥을 그 주행 방향에 직각으로 썰어서 먹게 되는 관계로, 마치 김밥처럼 그 써는 높이에 따라 다른 구성과 배열을 보이게 된다.

02 | Extrinsic (Superficial) back muscle

자, 이제 [표 2]를 기본으로 하여 단계별로 살펴보겠는데, 그중에서도 가장 바깥(표층) 층에 있는 Trapezius m.에 대하여 알아보도록 하겠다.

1) Trapezius muscle(승모근, 僧帽筋)

그림 34

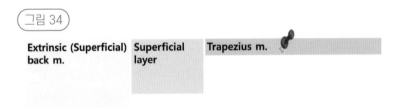

Trapezius muscle(승모근, 僧帽筋)

먼저 승모근은 가장 바깥쪽, 가장 천층(Extrinsic (Superficial) back m. –
Superficial layer)에 위치하는 근육으로(그림 34), 사람과 소에 있어서 그 모양
을 살펴보면 아래와 같다.

그림 35

a) 사람의 승모근

 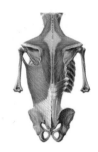

b) 소의 승모근

넓은 부위를 차지하는 데 반해 얇은 두께를 가지므로 소의 등심을 정형하
는 과정에서 제거되는 경우가 많으며, '등심덧살'의 하나로 취급되기도 한다.

한편 Trapezius m.의 어원은 탁자, 작은 테이블을 의미하는 라틴어
'Trapeza'에서 유래되었는데, 이 말의 파생어인 Trapezium은 부등변사각
형, 사다리꼴, 대능형골, Diamond-shaped quadrilateral을 의미하고 또

다른 파생어인 Trapezoid는 Trapeza(탁자) + oid(~을 닮은)의 형태로 '탁자를 닮은 형태'라는 뜻이다.

종합하여 보면 모두 '네모'를 의미하며, Trapezius m. 역시 분명 '네모'를 의미함을 알 수 있다.

그림 36

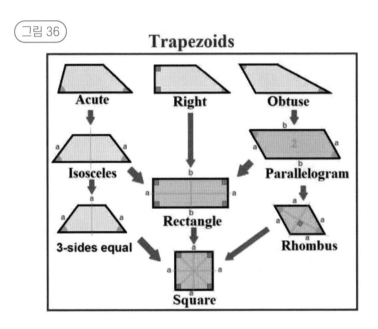

Trapezoids는 전부 다 '네모'를 의미한다.

그럼에도 불구하고 우리말을 쓰자는 일부 사명감에 불타시는 해부학자들은(사불모?) 그동안 전통적으로 쓰여 왔던 Trapezius m.(승모근, 僧帽筋)의 공식 명칭을 '승모근'에서 '등세모근'으로 바꾸어 놓아버렸다. 그러면서 복잡한 의학용어를 쉬운 우리말로 바꾸었다며 자신들이 마치 무슨 대단한 치적이나 과업을 행한 것처럼 생각하고 있는데…

여보세요! 원어 Trapezius는 '네모'를 의미하는데 이를 '세모'라고 번역한 것이 과연 잘하신 일인지? (아마도 그분들은 승모근의 한쪽 모양만을 보고서 '세모'라는 명칭을 쓰자고 한 것으로 이해할 수도 있지만….)

영미권의 원어와도 상통이 안 되고, 한 · 중 · 일 등 주변 한자권 국가들과도 상통이 안 되는 어설픈 번역을 남발하는 그 자신감은 도대체 어디에서 오는 건지? 아니면 이분들은 '네모'와 '세모'도 구분을 못 하시는 분들인 건지?

세모, 네모, 마름모

부가적으로 우리 몸에 Trapezium 이름이 사용되는 또 다른 부위가 있는데 바로 손목에 있는 Carpal bones(수근골, 手根骨)이다. [그림 37]에서 보듯이 사람의 손목 부위는 조약돌 같은 작은 8개의 뼈로 이루어져 있는데, 그중 2개의 이름이 각각 'Trapezium bone(대능형골, 大菱形骨)'과 'Trapezoid bone(소능형골, 小菱形骨)'이다.

그림 37

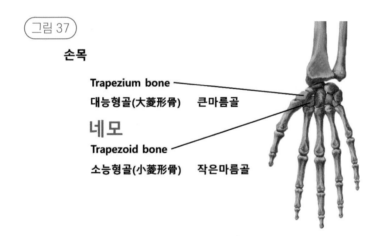

손목

Trapezium bone
대능형골(大菱形骨)   큰마름골

네모

Trapezoid bone
소능형골(小菱形骨)   작은마름골

이제 Trapezium과 Trapezoid가 전부 '네모'를 의미한다는 것은 더 말할 필요가 없지만, 그럼 능형(菱形, Rhombus)이란 도대체 어떤 도형을 말하는 것일까? 바로 '마름모'이다. 재미있는 점은 '마름모' 역시 '네모'일 뿐이라는 점이다.

한편 '마름모'의 어원은 어떻게 만들어진 것일까? '세모'는 '세'가 '3'을 의미하고 '네모'는 앞의 '네'가 '4'를 의미하므로, 아하! 이런 류의 단어들은 뒤의 '~모' 자 돌림으로 만들어진 것을 추측할 수 있다. 그렇다면 마름모는 앞의 '마름'이 무엇을 의미하는 것일까? (잠시 침묵) 마름? 타는 목마름? 살이 삐쩍 마름? 옷이 마름? 더 안타까운 것은 그 사명감에 불타시는 분들이 가만히 두면 그냥 아무 일도 없는 것을 또다시 이름을 대능형골(大菱形骨)을 '큰마름골'로, 소능형골(小菱形骨)을 '작은마름골'로 그저 글자 풀이하듯 대충 바꾸어 놓아버렸다는 점이다. 차라리 바꾸려면 '큰마름모골', '작은마름모골'이라고 바꾸었다면 '마름모'의 의미라도 전달될 텐데, '큰마름골', '작은마름골'이라 바꾸어 놓았으니…… 일례로 크게(작게) 목이 마른다는(Thirsty) 것인지? 크게(작게) 살이 삐쩍 말랐다는(Slender) 것인지? 크게(작게) 옷이 말랐다는(Dry) 것인지?

도대체 이분들은 무슨 일을 해놓은 거란 말인가? 오히려 필자의 얼굴이 화끈거려 오는데, 이런 걸 바로 개악(改惡)이라 해야 하지 않을까?

한편 '마름모' 명칭의 유래는 '마름(Trapa japonica)'이라는 연못이나 늪에서 자라는 '마름과'에 속한 한해살이풀의 잎사귀의 모양이 '마름모꼴'을 하고 있어서, '세모', '네모'와 유사하게 '마름모'라 명명한 데서 유래되었다.

그림 38

마름(Trapa japonica). 잎사귀의 모양이 '마름모꼴'을 하고 있다.

한편 승모근(僧帽筋, Trapezius m.)의 한자 표기는 僧(중 승), 帽(모자 모)로서 직역하면 '스님 모자 근육' 또는 '스님이 쓰는 모자를 닮은 근육' 등으로 풀이할수 있겠는데, 주로 한국의 스님들이 쓰시는 모자는 대개 이런 것 아니었던가?

그림 39

이런 스님의 모자와 승모근(僧帽筋, Trapezius m.)이 무슨 관련이 있는 걸까? 이런 스님의 모자가 승모근의 모양(그림 35-a)과 조금이라도 닮은 점이있단 말인가? 필자가 피교육자의 입장이었던 이삼십 년 동안 저의 선생님들은 승모근이 스님의 모자와 닮았다고 그렇게 우기셨는데, 이 나이가 돼서도필자는 절대 동의할 수가 없다. 승모근은 스님의 모자와 어디를 보아도 닮지않았으니까.

자, 그렇다면 어떻게 승모근(僧帽筋)이 '스님의 모자 근육'이라는 이름을 얻게 되었을까? 분명히 글자 풀이로는 스님의 모자 근육이 분명하지만, 사실그 답을 알아내는 일은 쉽지만은 않았다. 모든 정보 검색을 해봐도 전부 다앵무새처럼 스님의 모자를 닮았다는 말만 되풀이하여 쓰여 있었으니까.
그러던 중 일본식 표기는 동일한 한자(僧帽筋, そうぼうきん, 소우보우킨)를

사용하는 반면, 중국어로는 전혀 다른 '斜方肌'이라고 표기한다는 점에서 힌 트를 얻게 되었는데, 즉 우리말 '승모근'은 일본식 한자를 받아들인 게 아닐까 하고 의구심을 갖게 된 것이다.

결론적으로 일본의 에도 시대 의학서인 해체신서(1774년 초판 발행)에 僧帽 筋(そうぼうきん, 소우보우킨)이라 표기된 한자어를 한국식으로 읽고 쓴 게 바 로 '승모근'이었던 것이다.

자, 그 출처는 알게 되었는데, 왜 일본인들은 Trapezius m.을 '네모근'이 나 '탁자근'으로 번역하지 않고 굳이 스님의 모자라는 뜻의 소우보우킨(僧帽 筋)이라 번역한 걸까? 그분들의 눈에는 이 근육이 스님의 모자로 보였다는 건데…… 흠.

가톨릭이나 정교회 수도사(修道士)들의 복장 중에 아래 그림과 같은 복장 이 있다(그림40-a). 이분들이 머리에 쓴 것은 모자라기보다는 일종의 후드 티 (Hood T shirt) 같은 건데(그림40-b), 이 후드 티의 모자 부분을 접고 나서 그 모자 부분을 뒤에서 보라(그림40-c). 승모근의 모양과 정확히 일치하지 않는 가?(그림40-d)

그림 40

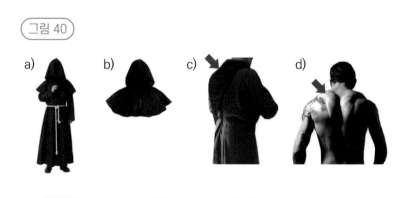

a)   b)   c)   d)

수도사들의 복장과 승모근

그렇다면 수도사들의 후드 티(Hood T shirt)와 승모근이 무슨 관계가 있다는 걸까? 아님, 지금쯤이면 이해했나요?

그렇다. 일본인들은 이 수도사(修道士)를 스님(僧)으로 이해(?)하고 그에 맞추어 한자로 번역한 것이고, 우리는 그 한자를 가감 없이 우리말로 받아들인 것이다(사실 좀 엉터리 번역 같지만 monk, friar, bishop을 가톨릭이 전해지기 전인 1774년에 한자로 번역했다는 점을 고려하면, 다소간 이해를 할 수 있는 부분이기도 하다). 그렇지만 그보다 더 중요한 것은 승모근이 [그림 39]의 한국 스님의 모자를 닮았다고 억지로 주장하고 믿으셨던 분들이 더 안타깝다는 점이다.

하나 더 이탈리아어로 후드(Hood)를 Cappuccio, Cappuccin이라 하는데, 이 수도사들 복장의 색을 따온 커피 이름이 바로 카푸치노(Cappuccino)이다.

그림 41

그럼 승모판(僧帽瓣, Mitral valve)은?

승모근(僧帽筋, Trapezius m.)과 더불어 '스님의 모자(僧帽)'라는 뜻을 가지는 경우를 하나 더 들어보자면, 바로 심장에 있는 승모판(僧帽瓣, Mitral valve)이 될 것이다.

그림 42

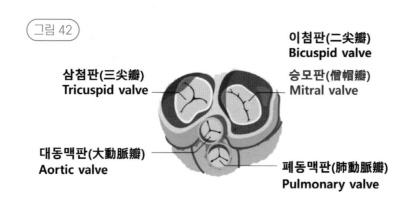

위에서 바라본 심장 판막들

이 역시 아무리 들여다보아도 스님의 모자로 보이지도 않으려니와, 승모근(僧帽筋, Trapezius m.)의 경우에서처럼 수도사의 후드 티로는 더더욱 보이지 않는다. 그렇다면 승모판(僧帽瓣)에 있어서 '스님의 모자(僧帽)'는 도대체 뭐란 말인가? (미스터리 '스님 모자(僧帽)'의 비밀, 시즌 2'. ㅎ)

승모판은 이첨판(二尖瓣, Bicuspid valve)이라고 불리기도 하는데 '이첨(二

尖)'이란 '두 개의 뾰족한 꼭대기'란 뜻으로, 영어로도 'Bi + Cuspid'로서 역시 같은 의미를 갖는다. 한편 영어의 Bicuspid란 치아 중에 소구치(小臼齒, Premolar)를 의미하기도 하는데, 이는 소구치가 뾰족한 두 개의 교두(咬頭, Cusp)를 갖고 있기 때문이다. 반면 뾰족한 교두가 하나인 견치(犬齒, Canine)는 Cuspid라 불린다.

그림 43

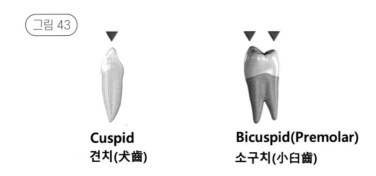

Cuspid
견치(犬齒)

Bicuspid(Premolar)
소구치(小臼齒)

견치는 하나의 교두(빨간 삼각형)를 갖는 반면, 소구치는 두 개의 교두를 갖는다.

승모판이 이첨판(二尖瓣, Bicuspid valve)으로 불리우는 것을 보면 두 개의 뾰족한 부분이 있어야 하는데, [그림 42]에서 보면 뾰족하기는커녕 오히려 움푹 들어가 보인다. 그렇다면 혹시 옆이나 밑에서 보면 뾰족하지 않을까?

그림 44

a)

b)

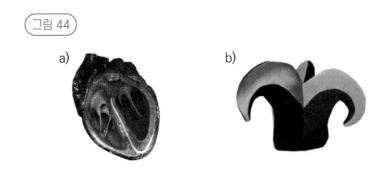

a) 옆에서 본 삼첨판과 승모판

b) 피에로의 방울 모자

　그렇다. [그림 44-a]에서 보면 심실 내벽의 Papillary muscle에 끈처럼 연결된 Chordae Tendineae에 의해 삼첨판의 세 부분, 승모판의 두 부분이 뾰족하게 잡아당겨져 있는 것처럼 보인다. 마치 광대 분장한 피에로의 세 가닥, 두 가닥의 방울 모자처럼 보이기도 한다. 혹시 이 피에로의 모자가 승모 (僧帽)? 너무 앞서간 비약일까? (피에로 모자를 쓴 스님을 본 적이 있는가? ㅎㅎ)

　차라리 잠시 왕관으로 대체하도록 하자. 즉, 세 부분이 뾰족한 왕관과 두 부분이 뾰족한 왕관으로 말이다. 이 왕관을 심장의 단면도에 겹쳐서 그리게 되면 [그림 45-c]와 같아진다.

그림 45

a)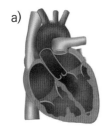

b)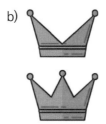

c)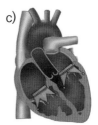

a) 심장의 단면도

b) 삼첨판과 이첨판을 각각 뿔이 3개, 2개인 왕관에 비교하여 보았다.

c) 뿔이 3개인 왕관은 삼첨판의 위치에, 뿔이 2개인 왕관은 이첨판의 위치에 뒤집어서 겹쳐 그려 보았다.

그러나 이런 왕관을 쓰는 스님이 있단 말인가? ㅎㅎ.
잠시 침묵(Sound of silience).

여기서 결정적으로 승모판의 영어 표현인 Mitral valve의 어원을 잠시 살펴보자. Mitral이란 'Mitre + al'의 구조로, 이때 Mitre = Headband, Turban, Tall Cap with 2 Points, Tall pointed cleft cap을 의미하고 기독교의 Bishop(주교, 사제)의 두 개의 뿔로 나눠진 긴 모자를 의미한다. 이런 모자가 있던가?

 그림 46

앞뒤로 뾰족하면서 갈라진 모자. 추기경이나 교황 등의 모자에서 볼 수 있다.

그렇다. 아마도 일본 분들에 의해 한자 번역을 하는 과정에서 '기독교의 Bishop(주교, 사제)'마저도 '불교에서 의미하는 스님, 중'으로, 또 '기독교의 Bishop(주교, 사제)'이 쓰는 앞뒤로 뾰족한 이 모자마저도 '스님이 쓰는 모자'로 번역해 버렸던 것이다. 우리나라 역시 이를 '불교의 스님들의 모자, 즉 승모(僧帽)'라고 그대로 받아들이게 됐고, 이를 별다르게 의식하지 않고 반복적으로 쓰고 교육해 왔던 것이다. 이런 만시지탄(晚時之歎 + 萬時之歎)!
아마도 메이지 유신도 일어나기 전, 즉 천주교가 전래되기 전 아주 낯선 서

양 문물을 받아들여야 했던 일본인들에게는 '수도사들도 스님', '추기경이나 주교, 교황들도 다 불교의 스님'으로 생각되었던 듯하다. 아마 '수도사, 추기경, 주교, 교황'이란 한자 단어가 만들어지기 전에 'Trapezius muscle, Mitral valve'라는 말이 전해짐으로써 당시로선 적당한 한자 단어가 없는 관계로 '수도사, 주교'를 '불교의 스님, 승(僧)'으로 적고, 그분들의 '후드 티 모자, 또 두 끝이 뾰족한 모자'를 번역하면서 '불교 스님의 모자, 승모(僧帽)'라고 번역하였던 것으로 추측된다. Oh! Dear!

2) Latissimus dorsi muscle(광배근, 廣背筋) 또는 (활배근, 闊背筋)

그림 47

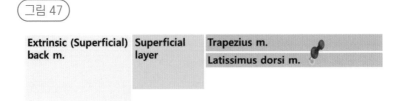

다음으로는 승모근 아래에 위치한 천층(Extrinsic (Superficial) back m. – Superficial layer) 근육의 하나인 광배근(廣背筋)으로서 (그림 47), 사람과 소에 있어서 그 모양을 살펴보면 아래와 같다.

그림 48

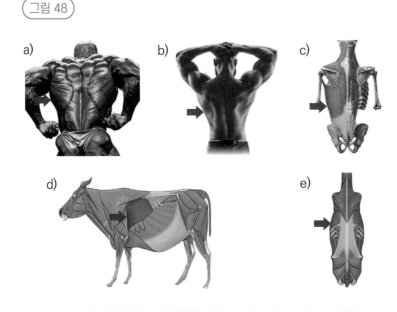

사람과 소의 광배근(빨간 화살표와 녹색 표시 부위)

승모근과 마찬가지로 넓은 부위를 차지하는 데 반해 얇은 두께를 가지므로, 소의 등심을 정형하는 과정에서 제거되는 경우가 많으며, '등심덧살'의 하나로 볼 수 있으나 「농림수산식품부 고시」에 따르면 앞다리에 포함하여 분류하고 있다.

광**배**근(廣背筋)은 한자 풀이 그대로 넓은 등을 의미하는데, 이때 '**배(背)**'는 우리말의 '등(Back)'을 의미하게 된다. 반면 우리말의 '배(Abdomen)'를 의미하는 한자는 '腹(배 복)'으로서 우리말과 한자를 혼용하여 사용하다 보면 배가 '배(Abdomen)'인지 '등(Back)'인지 헷갈리는 때가 생긴다. 일례로 '배 쪽과 등쪽' 혹은 '배 측과 복 측'으로 서로 짝을 이루는 경우는 그 구분이 명확하나, 그냥 '배 쪽'과 '배 측'이라고 표현할 때는 그 구분을 주의하여야 할 때가 있다.

한편 활배근(闊背筋)이라고 불리는 경우도 많은데, 이때 '**활(闊)**'이란 한자 역시 '**넓을 활**'로서, 활엽수(闊葉樹)나 활보(闊步) 등에서 그 사용 예를 볼 수 있다. 또한 영어 명칭인 Latissimus dorsi m.에서 'Latissimus'란 라틴어 Latus(Wide, Broad)의 최상급 표현으로서 Widest, Broadest의 의미를 가지며, Dorsi는 Dorsum(등)을 의미하므로, 이 역시 '등의 가장 넓은 근육'이라는 의미가 된다.

3) Rhomboid major muscle(대능형근, 大菱形筋)과 Rhomboid minor muscle(소능형근, 小菱形筋)

그림 49

Extrinsic (Superficial) back m.	Superficial layer	Trapezius m.
		Latissimus dorsi m.
		Rhomboid major & minor m.

다음으로 살펴볼 근육으로는 승모근과 광배근 아래에 위치한 천층 (Extrinsic (Superficial) back m. – Superficial layer, 그림 50) 근육의 하나인 대능형근(大菱形筋)과 소능형근(小菱形筋)으로서, 사람에 있어서 그 모양과 위치를 살펴보면 아래와 같다.

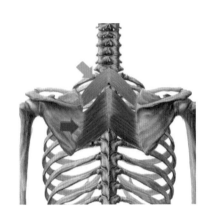

대능형근(大菱形筋, 녹색 화살표)과 소능형근(小菱形筋, 파란색 화살표)

Rhombus는 마름모를 의미하므로(그림 36, 그림 38), Rhomboid = Rhom + oid(~을 닮은, ~형)는 '마름모를 닮은'의 뜻이 되고 한자로 적으면 '능형(菱形)'으로 쓰게 된다. (cf. 菱= 마름 능)

이 능형근 역시 소의 등심을 정형하는 과정에서 제거되는 경우가 많으며, '등심덧살'의 하나로 볼 수 있다.

4) Levator scapulae muscle(견갑거근, 肩胛擧筋)

그림 51

Extrinsic (Superficial) back m.	Superficial layer	Trapezius m.
		Latissimus dorsi m.
		Rhomboid major & minor m.
		Levator scapulae m.

다음으로는 천층(Extrinsic (Superficial) back m. – Superficial layer, 그림 51) 근육 중 가장 안쪽에 위치한 견갑거근(肩胛擧筋)으로서 말 그대로 견갑골(肩胛骨, Scapula)을 올리는 역할을 한다.

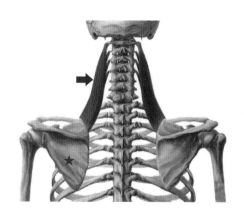

그림 52

견갑거근(肩胛擧筋, Levator scapulae muscle, 파란색 화살표)과 견갑골(肩胛骨, Scapula, 빨간색 별표)

5) Serratus posterior superior muscle(상후거근, 上後鋸筋)과 Serratus posterior inferior muscle(하후거근, 下後鋸筋)

그림 53

Extrinsic (Superficial) back m.	Superficial layer	Trapezius m.
		Latissimus dorsi m.
		Rhomboid major & minor m.
		Levator scapulae m.
	Intermediate layer	Serratus posterior sup. & inf. m.

다음으로는 천층(Extrinsic (Superficial) back m. – Intermediate layer, 그림53) 근육 중 가장 안쪽에 위치한 상후거근(上後鋸筋, Serratus posterior superior m.)과 하후거근(下後鋸筋, Serratus posterior inferior m)으로서 갈비뼈를 들어올려서 깊은 호흡을 돕는 역할을 하는 호흡보조근이다.

소에 있어서 상후거근과 하후거근은 각각 Serratus dorsalis cranialis m.과 Serratus dorsalis caudalis m.로 이름이 바뀌게 된다(사람에서는 뒤, 소에서는 등으로).

사람과 소에 있어서 상후거근(上後鋸筋, Serratus posterior superior m.)과 하후거근(下後鋸筋, Serratus posterior inferior m.)의 위치와 모양을 살펴보면 다음과 같다.

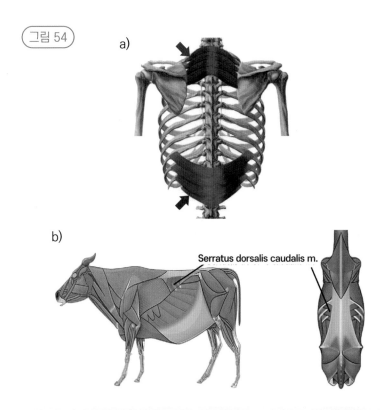

그림 54

a)

b)

Serratus dorsalis caudalis m.

a) 사람에 있어서 상후거근(빨간색 화살표)과 하후거근(파란색 화살표)

b) 소에 있어서 Serratus dorsalis cranialis m.과 Serratus dorsalis
   caudalis m. (Serratus dorsalis cranialis m.은 Extrinsic (Superficial)
   back m. 중 가장 깊이 위치하므로 Rhomboids와 Trapezius muscle
   등에 가려져 보이지 않음)

　　Serratus란 '톱날이 선(Serrated)' 또는 '톱니가 있는(Saw-toothed)'이란 뜻
으로 그 생긴 모양이 톱니를 닮아서 붙여진 이름으로 톱니근이라고도 불린다.
　　이상 지금까지 살펴본 Extrinsic (Superficial) back muscles을 한 장의 그
림으로 정리하여 보면 다음과 같다.

그림 55

Overview of Superficial m. of Back

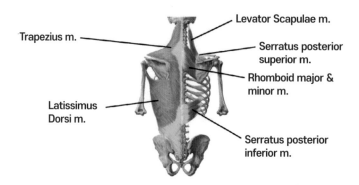

사람의 Extrinsic (Superficial) back muscles

그림 56

Overview of Superficial m. of Back

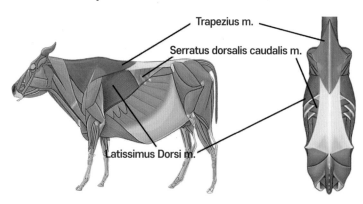

소의 Extrinsic (Superficial) back muscles

이상으로 Extrinsic (Superficial) back muscles을 살펴보았으며 다음으로
는 Intrinsic (Deep) back muscles들을 살펴보도록 하겠다.

03 | Intrinsic (Deep) back muscle

1) Splenius muscles(판상근, 板状筋)

그림 57

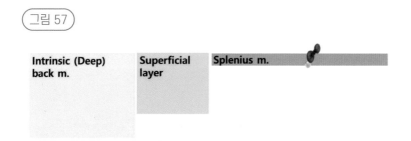

앞서 언급한 바와 같이 팔과 관련되지 않고 척추의 본래 역할인 몸을 굽
히고 세우는 기능을 하는 Intrinsic (Deep) back muscle 중에서 가장 천층
(Superficial layer)에 위치한 근육이다.

판자, 널빤지 모양이라 하여 판상근(板状筋)이라 이름 붙여졌으며, 각각 머
리와 목에 위치하는 Splenius capitis m.과 Splenius cervicis m.로 구분
된다.

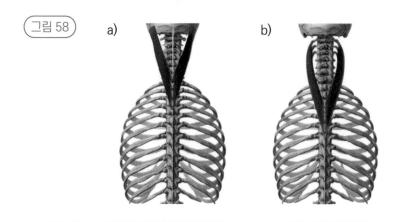

그림 58　a)　　　　　　　　b)

a) Splenius capitis m.

b) Splenius cervicis m.

2) Erector spinae muscles(Spinal erectors muscles, 척주기립근, 脊柱起立筋)

그림 59

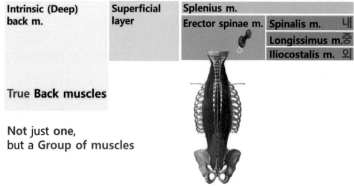

Intrinsic (Deep) back m.	Superficial layer	Splenius m.		
		Erector spinae m.	Spinalis m.	내
			Longissimus m.	중
			Iliocostalis m.	외

True Back muscles

Not just one,
but a **Group of muscles**

　이 역시 팔과 관련되지 않고 척추의 본래 역할인 몸을 굽히고 세우는 기능
을 하는 Intrinsic (Deep) back muscle 중에서 천층(Superficial layer)에 위

치한 근육으로, 진정한 의미에서의 True Back muscles이라 할 수 있는데, 하나의 단일 근육이 아니라 여러 군의 근육들이 조금씩 겹쳐가며 척추의 양 옆으로 길게 주행하게 된다(그림 59).

이들 Spinal erectors muscles은 크게

1. 가장 내측(Medial)으로 주행하는 Spinalis muscles
2. 가운데(Intermediate)로 주행하는 Longissimus muscles
3. 가장 외측(Lateral)으로 주행하는 Iliocostalis muscles

로 구분할 수 있으며, 이를 각각 그 수직적 위치에 따라 위아래로 세분하여 정리하면 아래와 같다.

1. Spinalis (Medial) muscles
   1) Spinalis capitis muscle
   2) Spinalis cervicis muscle
   3) Spinalis thoracis muscle

2. Longissimus (Intermediate) muscles
   1) Longissimus capitis muscle
   2) Longissimus cervicis muscle
   3) Longissimus thoracis muscle

3. Iliocostalis (Lateral) muscles
   1) Iliocostalis cervicis muscle
   2) Iliocostalis thoracis muscle
   3) Iliocostalis lumborum muscle

그림 60

척주기립근(Spinal erectors muscles)의 수평적 배치

a) 가장 내측(Medial)으로 주행하는 Spinalis muscles(빨간색)

b) 가운데(Intermediate)로 주행하는 Longissimus muscles(검은색)

c) 가장 외측(Lateral)으로 주행하는 Iliocostalis muscles(노란색)

① Spinalis muscles(극근, 棘筋, 가시근)

제일 먼저 가장 내측에 위치하는 Spinalis muscles(극근, 棘筋, 가시근)을 살펴보자.

그림 61

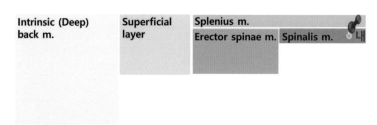

Intrinsic (Deep) back m.	Superficial layer	Splenius m.	
		Erector spinae m.	Spinalis m. 내

Spine이란 척추를 의미하기도 하지만 원래 의미는 '가시(棘, 가시 극)'를 의미한다 하겠는데(그림 62-a), 척추의 극돌기(Spinous process, 그림 62-b, c)

를 마치 장미에 돋아난 가시에 비유하여 이름 붙여진 것이다(그림 62-d). (사랑과 평화?)

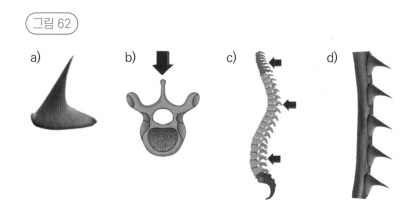

그림 62

a)
b)
c)
d)

a) Spine이란 '가시(棘, 가시 극)'를 의미한다.
b, c) 척추의 극돌기(Spinous process 빨간색 화살표)
d) 척추의 극돌기 모양이 장미의 가시와 흡사하다.

가시 극(棘)의 경우 안중근 의사의 '一日不讀書 口中生荊棘(일일부독서 구중생형극), 하루라도 책을 읽지 않으면, 입안에 가시가 돋는다.' 말씀에서도 그 예를 볼 수 있으며, 또 다른 예로 극피동물(棘皮動物)이란 피부에 가시가 돋아난 것처럼 보이는 동물(성게 등)을 의미한다. 여기서 Spinalis m.의 의미는 '가시처럼 생겼다'는 뜻이 아니라 '척추의 극돌기(Spinous process), 즉 가시돌기에 붙은 근육'이라는 뜻이 되겠다.

한편 위에 언급한 대로 Spinalis m.은 머리 쪽에서부터 i) Spinalis capitis m., ii) Spinalis cervicis m., iii) Spinalis thoracis m.로 구분된다(그림 63, 녹색 부분).

그림 63

Spinalis m. (Medial, 내측)

극근 棘筋 가시근

i) **Spinalis** capitis **m.**

ii) **Spinalis** cervicis **m.**

iii) **Spinalis** thoracis **m.**

② Longissimus muscles(배최장근, 背最長筋, 등가장긴근[4])

그림 64

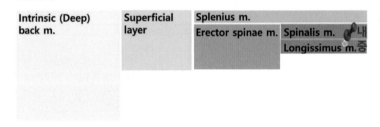

Intrinsic (Deep) back m.	Superficial layer	Splenius m.		
		Erector spinae m.	Spinalis m.	내
			Longissimus m.	중

Spinalis m.에 비하여 좀 더 바깥쪽으로 주행하는 Longissimus muscles(배최장근, 背最長筋)은[5] 이름 그대로 등(背)에서 가장 긴 근육이다.

4) 아래 [그림 65]에서 보듯 한국, 중국, 일본 똑같이 背最長筋이란 용어를 사용하고 있음을 알게 된다. 그럼에도 불구하고 굳이 이를 배척하고 '등가장긴근'이라고 말을 다시 만들 필요가 있을까? 한자란 현재의 중국어가 아닐뿐더러, 이는 현재의 영어와 라틴어의 관계와 비슷하다 하겠다.

5) 라틴어 Longissimus는 Long의 최상급 Longest에 해당. 즉, '가장 길다'는 뜻.

이 또한 단일 근육이 아니며 머리 쪽에서부터 i) Longissimus capitis m., ii) Longissimus cervicis m., iii) Longissimus thoracis m.로 구분지을 수 있다(그림 65, 녹색 부분).

그림 65

Longissimus dorsi m. **(Intermediate, 중)**
Longest

배최장근(背最長筋)　　등가장긴근

중: 背最长肌 [bèi zuì cháng jī]
일: 背最長筋 はいさいちょうきん

i) **Longissimus** capitis **m.**

ii) **Longissimus** cervicis **m.**

iii) **Longissimus** thoracis **m.**

③ Iliocostalis muscles(장늑근, 腸肋筋)

그림 66

Intrinsic (Deep) back m.	Superficial layer	Splenius m.		
		Erector spinae m.	Spinalis m.	내
			Longissimus m.	중
			Iliocostalis m.	외

Longissimus muscles의 바깥쪽, 즉 Spinal erector muscles 중에 가장 외측으로 주행하는 근육이다.

이 또한 단일 근육이 아니며 머리 쪽에서부터 i) Iliocostalis cervicis m., ii) Iliocostalis thoracis m., iii) Iliocostalis lumborum m.로 구분지을 수 있다(그림67, 녹색 부분).

그림 67

Iliocostalis m. (Lateral, 외측)
장늑근(腸肋筋)

i) Iliocostalis cervicis **m.**
ii) Iliocostalis thoracis **m.**
iii) Iliocostalis lumborum **m.**

정리하여 보면 이렇게 Spinalis m.(내측), Longissimus m.(중간), Iliocostalis m.(외측)이 척추 장축을 따라 평행하게 주행하여 Spinal Erector muscle이라는 근육군(Group)을 이루게 되고, 이는 등심(속등심)의 주된 부분을 구성하게 된다.

3) Semispinalis muscles(반극근, 半棘筋, 반가시근)

그림 68

Intrinsic (Deep) back m.	Superficial layer	Splenius m.	
		Erector spinae m.	Spinalis m.
			Longissimus m.
			Iliocostalis m.
	Deep layer	Semispinalis m.	

Semispinalis muscles(반극근, 半棘筋, 반가시근)은 Intrinsic (Deep) back muscles 중에서 좀 더 깊은 층(Deep layer)에 있는 근육으로, 극근과 유사하다는 의미에서 반극근(Semispinalis m.)으로 불린다. 이 또한 단일 근육이 아니며 머리 쪽에서부터 i) Semispinalis capitis m., ii) Semispinalis cervicis m., iii) Semispinalis thoracis m.로 구분지을 수 있다.

그림 69

Semispinalis m.
반극근   반가시근
半棘筋

1) Semispinalis capitis m.

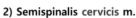
2) Semispinalis cervicis m.

3) Semispinalis thoracis m.

4) Multifidus muscles(다열근, 多裂筋, 뭇갈래근)

그림 70

Intrinsic (Deep) back m.	Superficial layer	Splenius m.	
		Erector spinae m.	Spinalis m.
			Longissimus m.
			Iliocostalis m.
	Deep layer	Semispinalis m.	
		Multifidus m.	

Multifidus muscles(다열근, 多裂筋, 뭇갈래근)은 Intrinsic (Deep) back muscles 중에서 좀 더 깊은 층(Deep layer)에 있는 근육으로 'Multi(여러 개로) + fidus(갈라졌다)'라는 의미에서 다열근(多裂筋)이라 불린다.

이 또한 단일 근육이 아니며 머리 쪽에서부터 i) Multifidus cervicis m., ii) Multifidus thoracis m., iii) Multifidus lumborum m.로 구분지을 수 있다(그림 71, 녹색 화살표).

그림 71

Multifidus m.

다열근(多裂筋)　뭇갈래근
　　찢을 렬

1) **Multifidus** cervicis m.

2) **Multifidus** thoracis m.

3) **Multifidus** lumborum m.

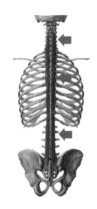

5) Rotatores muscles

그림 72

Intrinsic (Deep) back m.	Superficial layer	Splenius m.	
		Erector spinae m.	Spinalis m.
			Longissimus m.
			Iliocostalis m.
	Deep layer	Semispinalis m.	
		Multifidus m.	
		Rotatores m.	

Rotatores muscles은 Intrinsic (Deep) back muscles 중에서 가장 깊은 층(Deep layer)에 있는 근육으로, Short rotatores m.과 Long rotatores m.로 나누어진다.

그림 73

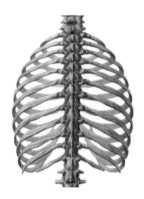

Rotatores muscles(녹색 표시 부분)

Intrinsic (Deep) back muscles인 Semispinalis m., Multifidus m., Rotatores m.은 척추골의 극돌기와 횡돌기 사이 가장 깊은 층에 위치하며 등심 단면상 Erector spinae m.에 비하면 그 크기가 상당히 작다.

자, 이상으로 Intrinsic (Deep) back muscles을 구성하는 근육들을 전부 살펴보았다.

04 | 등심의 분류와 그 특징

흔하게 등심의 위치를 표시한 그림을 보면 피부에 표시하는 관계로 그 깊이와 위치를 가늠하기가 힘들다(그림 74-a). 특히나 양쪽으로 견갑골이 위치하므로(그림 74-b), 견갑골의 윗부분인지 아랫부분인지 언뜻 헷갈리기도 하나, 분명히 말하건대 견갑골의 아랫부분을 주행하게 된다(그림 74-c). 한편 소에 있어서는 마치 사람을 양쪽에서 눌러서 압축한 듯하게(그림 74-d), 좁은 등과 가슴을 갖게 되고, 그 결과 견갑골을 포함한 많은 등 근육들이 앞다리로 분류되므로, 주로 척추 주변에서 평행하게 주행하는 근육들만이 등심으로 분류된다(그림 74-e).

그림 74

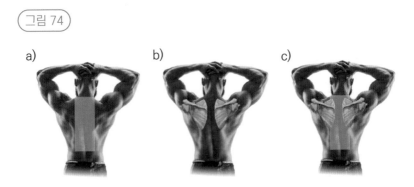

a) b) c)

d)

e)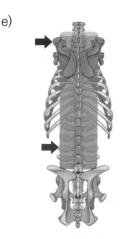

a) 피부에 표시된 등심의 위치(노란색 음영)

b) 견갑골의 위치

c) 견갑골과 등심의 깊이에 따른 상호 위치(등심은 견갑골의 아래에 위치하게 된다.)

d) 사람의 등은 넓고 일자형이나,

e) 소의 등은 마치 양쪽으로 압축한 듯 좁은 등과 가슴을 갖게 된다. 견갑골(파란색 음영과 파란색 화살표)과 등심(빨간색 음영과 빨간색 화살표)의 상호 위치에 주목할 것.

　다음으로 척추와 등심의 관계를 아주 아주 간단하게 살펴보자.

　전체적으로 하나로 보이는 척추도 사실은 그 마디마디가 연결되어 있는 구조이며(그림 75-a, b), 물론 각각의 level마다 당연히 그 구조가 다르지만, 아주아주 간단히 정리하여 보면 동그란 몸체(Vertebral body) 위에 구멍(Spinal canal)이 있고, 그 위에 수직으로 극돌기(Spinous process, 그림 75-c, 빨간색 별표), 수평으로 양쪽 횡돌기(Transverse process, 그림 75-c, 파란색 화살표)를 가지고 있는 구조라 하겠는데, 여기서 마치 어린아이와 같은 상상력을 동원해 보면 날개를 편 비행기의 모습과 유사하다 하겠다.

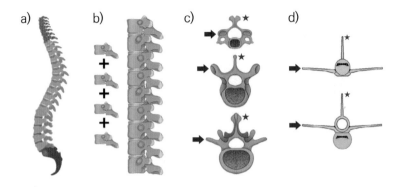

그림 75

d) 극돌기는 비행기의 수직 날개, 횡돌기는 비행기의 수평 날개에 비
유할 수 있다.

만약 여기서 한 번 더 상상력을 동원하여 양쪽 비행기 날개 위에 기다란 기
둥 모양의 고깃덩어리를 싣고 있다고 가정해 본다면, [그림 76]의 모양이 될
것이다. (너무 어설픈가?)

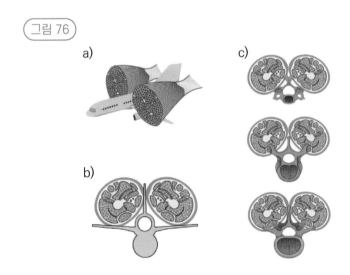

그림 76

이때 비행기의 날개는 횡돌기와 극돌기에 해당하는데, 이 날개에 붙어있는 긴 기둥 모양의 근육, 바로 이것이 소의 등심에 해당된다 하겠으며, 목심이나 채끝의 경우도 마찬가지라 하겠다.

그러나 이렇게 하나의 기둥처럼 보이는 등심은 사실은 단일 근육이 아니라 여러 근육으로 이루어져 있으므로, 마치 여러 가닥의 전선이 모여서 이루어진 큰 케이블로 이해할 수도 있겠으나(그림 77), 등심의 근육들은 처음부터 끝까지 하나의 가닥이 아니라 덧대어 붙인 듯이 이어가므로 딱 맞는 비유라 할 수는 없고, 오히려 김밥에 비유한다면 가장 적절한 표현이 아닐까 싶은데, 김밥의 노란 무나 소시지도 이어 붙여서 연장하기도 한다는 점과 그 긴 김밥을 수평으로 얇게 썰어서 먹는다는 점 등을 고려해 볼 때 등심과 매우 유사하다고 생각된다(그림 78).

그림 77

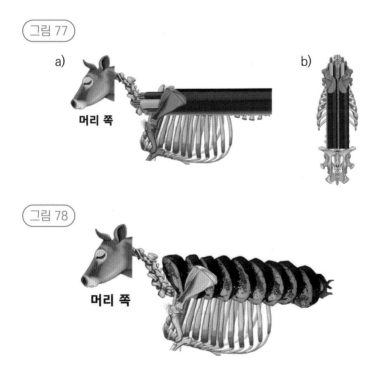

a)

머리 쪽

b)

그림 78

머리 쪽

자, 지금까지는 등심의 기본적인 개념에 대하여 설명해 보았다면 지금부터는 진짜 소 등심을 구체적으로 분류해 보도록 하겠다.

이때 목심, 등심, 채끝은 사실은 연속되는 여러 근육군으로 볼 수 있으므로 각각 구분하여 이해하는 것보다는 이들을 같이 연관 지어 표시하여 보면 다음과 같다.

그림 79

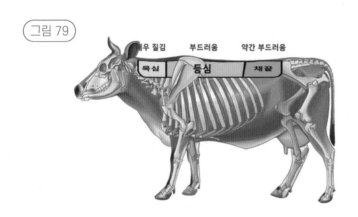

그리고 이들을 척추뼈 위치에 맞추어 좀 더 세분하고, 그 특징을 정리하여 보면 [그림 80, 81]로 요약할 수 있다.

그림 80

1. 목심 (C1 ~ C7)

2. 등심 (T1 ~ T13)

    1) 윗등심 (T1 ~ T5) - 지방 ♠

Chuck Eye Roll
= 목심 + 윗등심

    2) 꽃등심 (T6 ~ T9) - 마블링 ♠

    3) 아래 등심 (T10 ~ T13) - 지방 ♣

Rib Eye Roll
= 꽃등심 + 아래 등심

3. 채끝 (L1 ~ L6) = Short Loin = NY steak

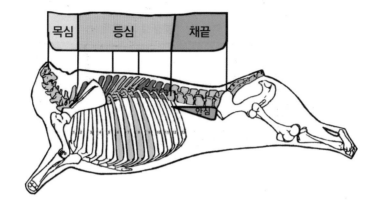

그림 81

이때 목심은 경추 1~7번(C1~C7)[6], 등심은 흉추 1~13번(T1~T13)[7], 채끝은 요추 1~6번(L1~L6)[8]에 위치하는 근육군이다.

이중 등심은 다시 윗등심(흉추 1~5번(T1~T5)), 꽃등심(흉추 6~9번(T6~T9)), 아래등심(흉추 10~13번(T10~T13))으로 분류되며, 윗등심일수록 지방이 많고 아래등심일수록 지방이 적어진다.

한편 이러한 분류 방식은 미국식 분류와 서로 상이하므로 이에 대하여 살펴보면, 목심과 윗등심은 미국식 Chuck Eye Roll에 해당하며, 꽃등심과 아래등심은 대략적으로 미국식 Rib Eye Roll에 해당하는데(T12까지만), 이를 비교·정리하여 보면 [그림 82]와 같다.

6) C= Cervical vertebra, 경추
7) T = Thoracic vertebra, 흉추
8) L = Lumbar vertebra, 요추

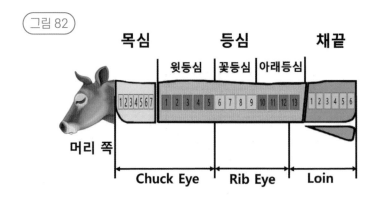

목심, 등심, 채끝의 한국식 분류와 Chuck Eye Roll, Rib Eye Roll, Loin 의 미국식 분류 비교

이때 채끝은 등심 아래로 이어지는 요추 1~6번(L1~L6) 부위로 미국식 Short Loin, NY(New York) Steak[9]에 해당한다. 한편 이를 최종적으로 정리 하여 보면 다음과 같다.

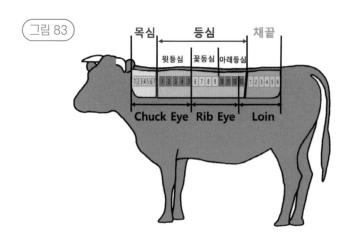

9) 영어 명칭은 미국과 여러 영연방 국가들이 서로 제각각 다른 경우가 많으므로, 가급 적 미국식 명칭을 기준으로 하겠다.

1) 윗등심

농림수산식품부 고시에 따른 대분할 10개 부위 중 등심, 그중 소분할 39개 부위 중 윗등심살에 대하여 살펴보도록 하자.

그림 84

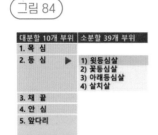
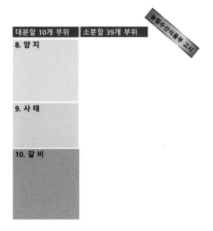

① 흉추 1번 부위

그중에서도 제일 윗부분인 흉추 1번 부위의 윗등심을 살펴보면 아래와 같다.

그림 85

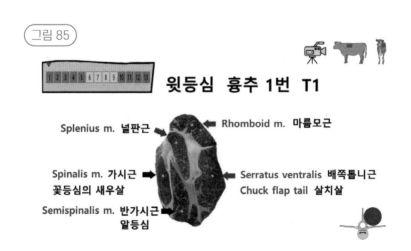

윗등심 흉추 1번 T1

Splenius m. 널판근
Rhomboid m. 마름모근
Spinalis m. 가시근
꽃등심의 새우살
Serratus ventralis 배쪽톱니근
Chuck flap tail 살치살
Semispinalis m. 반가시근
알등심

윗등심 흉추 1번(T1). 척추의 높이뿐만 아니라 보는 방향에 따른 3차원적 Camera Angle이 중요한데, 앞으로의 모든 설명에 있어 Camera의 위치는 항상 정면에서 소의 왼편을 보는 것을 기준으로 하겠다.

또한 비행기 날개에 비유한 작은 그림을 아래에 첨부한다.

가장 윗부분인 관계로 Extrinsic (Superficial) back muscles인 Rhomboid m.(능형근, 마름모근)과 살치살에 해당되는 Serratus ventralis m.(복거근, 배쪽톱니근)이 보이며, Intrinsic (Deep) back m.로 목심에서 보이던 Splenius m.(판상근, 널판근)이 남아 있고 Spinalis m.(극근, 가시근)과 Semispinalis m.(반극근, 반가시근)이 보인다. 한편 이들 Extrinsic과 Intrinsic back m. 간에는 두꺼운 근막(Fascia)에 의해 구분됨에 유의하자. 물론 떡심도 관찰되고 있으며 윗등심인 관계로 아직 Longissimus m.(배최장근)과 Iliocostalis m.(장늑근)은 보이지 않는다.

② 흉추 2번 부위
다음으로 흉추 2번 부위의 윗등심을 살펴보자.

그림 86

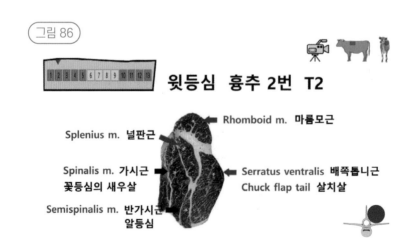

윗등심 흉추 2번 T2

Rhomboid m. 마름모근

Splenius m. 널판근

Spinalis m. 가시근
꽃등심의 새우살

Serratus ventralis 배쪽톱니근
Chuck flap tail 살치살

Semispinalis m. 반가시근
알등심

윗등심 흉추 2번(T2)

아직도 윗부분인 관계로 Extrinsic (Superficial) back muscles인 Rhomboid m.(능형근, 마름모근)과 살치살에 해당하는 Serratus ventralis m.(복거근, 배쪽톱니근)이 보이며, Intrinsic (Deep) back m.로 목심에서 보이던 Splenius m.(판상근, 널판근)이 남아 있고 Spinalis m.(극근, 가시근)과 Semispinalis m.(반극근, 반가시근)이 보인다. 한편 이들 Extrinsic과 Intrinsic back m. 간에는 두꺼운 근막(Fascia)에 의해 구분됨에 유의하자. 물론 떡심도 관찰되고 있으며 윗등심인 관계로 아직 Longissimus m.(배최장근)과 Iliocostalis m.(장늑근)은 보이지 않는다.

③ 흉추 3, 4, 5번 부위
다음으로 윗등심의 아랫부분인 흉추 3, 4, 5번 부위를 [그림 87]에서 한꺼번에 살펴보자.

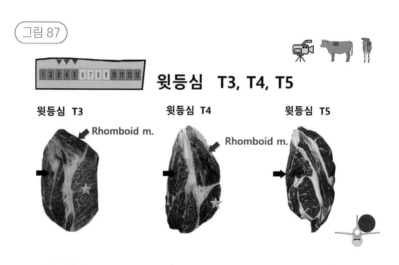

윗등심 흉추 3, 4, 5번(T3, T4, T5)

아직 Extrinsic (Superficial) back muscles인 Rhomboid m.(능형근, 마름모근)은 존재하나(빨간색 화살표), 아래로 내려갈수록 살치살에 해당하는 Serratus ventralis m.(복거근, 배쪽톱니근)은 점차 작아지는 것을 볼 수 있다(노란색 별표)[10]. 또한 Intrinsic (Deep) back m.로 목심에서 보이던 Splenius m.(판상근, 널판근)은 거의 사라지는 반면, Spinalis m.(극근, 가시근)이 점차 굵어지면서 '일(─)' 자형에서 'ㅅ' 자 형태로 바뀌어 가는 것을 볼 수 있다(검은색 화살표). 이런 삼각형 형태의 Spinalis m.은 구부러진 'ㅅ' 자 형태가 굽어진 새우를 닮았다 하여 흔히 속칭 '새우살'이라 불리기도 한다.

윗부분과 마찬가지로 Extrinsic과 Intrinsic back m. 간에는 두꺼운 근막 (Fascia)에 의해 구분되고 떡심도 역시 존재하지만, 특이한 점은 흉추 4~5번을 지나면서 Longissimus m.(배최장근)이 점점 굵어진다는 점이다(파란색 별표). 이러한 현상은 아래쪽(꽃등심과 아래등심)으로 내려갈수록 점점 굵어져서 둥그런 원형을 이루기 때문에, 마치 알이 박힌 듯한 모습을 보이게 되므로 속칭 '알등심'이라고 불리기도 한다.[11] '등심'의 영어 표현 'Chuck Eye Roll' 또는 'Rib Eye Roll'에서 Eye란 바로 이 동그란 '알등심'을 표현한 것이라 하겠는데, 좀 더 아랫부분으로 내려갈수록 다른 근육들은 사라지고 점점 '알등심'이 굵어지게 된다. (우리말의 알사탕, '눈깔' 사탕처럼, 서양인들은 알등심을 '눈깔(Eye)' 등심으로 본 듯하지 않은가?)

---

10) 또는 정형 과정에서 살치살만을 단독 분리한 경우도 있다.
11) 때로는 Semispinalis m.(반극근, 반가시근)을 포함하여 '알등심'이라 불리기도 한다.

2) 꽃등심

다음으로는 농림수산식품부 고시에 따른 대분할 10개 부위 중 등심, 그리고 소분할 39개 부위 중 꽃등심살에 대하여 살펴보도록 하자.

그림 88

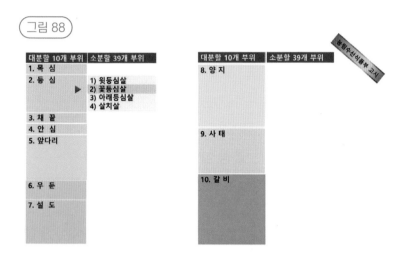

흉추 6~9번, 즉 T6~T9 부위 등심을 꽃등심이라 하는데, 속칭 '등심덧살'이라 불리는 Extrinsic (Superficial) back m.인 Trapezius m.(승모근)과 Rhomboid m.(능형근, 마름모근)이 보이고, 조그맣지만 살치살인 Serratus ventralis m.(복거근, 배쪽톱니근)이 관찰된다(그림 89).

살치살의 경우는 필자가 가장 좋아하는 부분이기도 하지만 상당히 고가인 관계로 살치살만을 따로 단독 분리, 판매하는 경우가 많은데, 이런 경우 등심의 모양이 많이 망가지는 관계로 소고기 발골 과정에서 살치살의 일부를 등심에 붙여서 정형, 판매하는 경우가 대다수이다. (그러므로 등심 사진에서 살치살의 양은 변동이 심하다.)

윗등심과 마찬가지로 Extrinsic과 Intrinsic back m. 간에는 두꺼운 근막 (Fascia)에 의해 구분되고 떡심도 역시 존재하며, Intrinsic (Deep) back m.(검은색 화살표)들이 점점 굵어지는데, 속칭 '새우살'이라 불리는 Spinalis m.(극근, 가시근)의 형태가 확연한 'ㅅ' 자 형태를 보이고, 점점 Longissimus m.(배최장근)이 동그래지고 굵어지면서 속칭 '알등심(Eye)'이라 불리는 부분[12]이 확연해진다.

그림 89

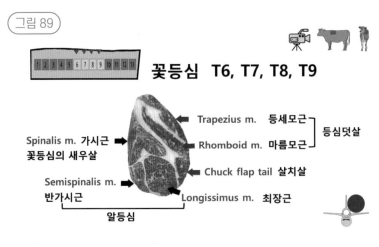

꽃등심 T6, T7, T8, T9

Trapezius m. 등세모근 ┐
Rhomboid m. 마름모근 ┘ 등심덧살
Spinalis m. 가시근
꽃등심의 새우살
Chuck flap tail 살치살
Semispinalis m.
반가시근
Longissimus m. 최장근
알등심

꽃등심 흉추 6~9번(T6~T9)

하지만 이러한 등심을 한눈에 알아보기는 쉽지 않은데, 가장 많은 실수가 상하좌우 기준을 적절히 세우지 않았기 때문이다. 그 예로 [그림 90-a] 같은 경우 각 근육을 구별하기가 쉽지 않은데, 그 이유는 상하를 뒤집어 놓았기 때문이다. 상하좌우를 바로잡고 비행기 법칙(Airplane rule?)에 따라 날개에 올

12) Longissimus m.(배최장근) 단독, 또는 Semispinalis m.(반극근, 반가시근)을 포함하여 '알등심'이라 불린다.

려 보면 비로소 그 근육들을 하나씩 구분할 수 있게 된다(그림 90-b).

그림 90

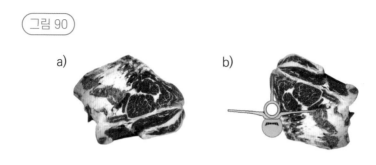

a)   b)

그림 b)는 단순히 그림 a)를 180도 회전시킨 것이다.

그럼 여기서 퀴즈를 하나 내보도록 하겠다. 아래 [그림 91]의 각 번호에 해당하는 근육의 이름은?

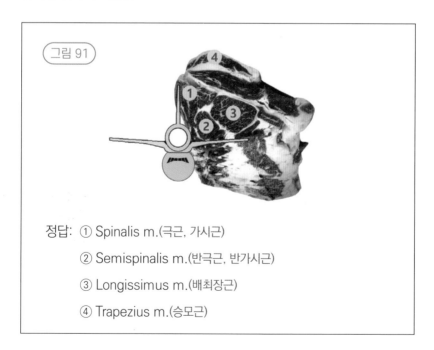

그림 91

정답: ① Spinalis m.(극근, 가시근)

② Semispinalis m.(반극근, 반가시근)

③ Longissimus m.(배최장근)

④ Trapezius m.(승모근)

토마호크 스테이크(Beef Tomahawk Steak)

최근 들어 소고기 상품 중에 '토마호크(Tomahawk) 스테이크'라는 명칭으로 판매되는 소고기가 있는데, 원래 토마호크(Tomahawk)란 아메리카 인디언들이 사용하던 손도끼를 의미하는 것으로(그림 92-a), 지금은 미국의 유명한 순항미사일 이름이기도 하다(그림 92-b).

한편 이런 손도끼 모양과 비슷하게 갈비뼈를 꽃등심에 붙여서 마치 갈비뼈를 도끼의 손잡이로, 꽃등심 고기는 도끼의 머리로 모양을 만들어 판매하여 많은 인기를 끌었는데(그림 92-c), 이는 소고기를 어떻게 잘라서 모양을 만들었는가의 차이일 뿐으로, 그 구성 근육을 살펴보면 꽃등심의 Intrinsic (Deep) back m.인 Spinalis m.(극근, 가시근), Semispinalis m.(반극근, 반가시근), Longissimus m.(배최장근)을 갈비뼈가 붙어있는 상태로 모양을 만든 것에 불과하다(그림 93).

그림 92

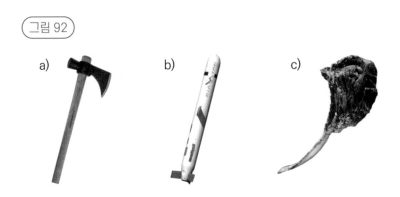

a)   b)   c)

그림 93

Beef Tomahawk Steak

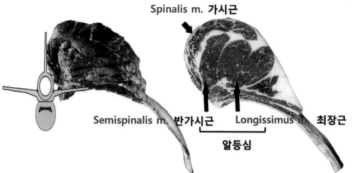

3) 아래등심

다음으로는 농림수산식품부 고시에 따른 대분할 10개 부위 중 등심, 그중 소분할 39개 부위 중 아래등심살에 대하여 살펴보도록 하자.

그림 94

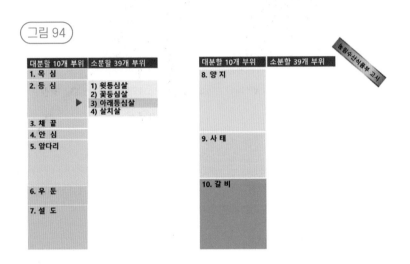

흉추 10~13번(T10~T13) 부위의 등심을 '아래등심'이라 하는데, 지금까지 살펴본 윗등심, 꽃등심과 다르게 아래등심에 이르러서는 앞다리(팔)의 움직임에 관련된 속칭 '등심덧살'이라 불리는 Extrinsic (Superficial) back m.이 사라지게 되고[13], 이와 더불어 떡심도 자취를 감추게 된다. 이때 확연히 구분되는 근육으로는 꽃등심의 새우살을 이루던 Spinalis m.(극근, 가시근)인데, 나머지 부위는 Longissimus m.(배최장근)과 Iliocostalis m.(장늑근)으로 구성되나 이들 간의 근육 섬유가 서로 섞여 주행하는 관계로 확연하게 구분되지는 않는다.

---

13) 그러므로 당연히 Extrinsic과 Intrinsic을 나누던 두꺼운 근막(Fascia)도 사라진다.

아래등심 T10, T11, T12, T13

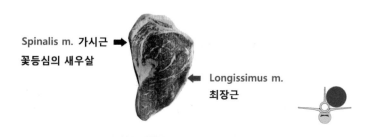

Spinalis m. 가시근
꽃등심의 새우살 ➡

◀ Longissimus m.
최장근

아래등심 흉추 10~13번(T10~T13)

그렇다면 지금까지 살펴본 윗등심, 꽃등심과 아래등심을 비교하여 정리하여 보자!

그림 96

T1   T6   T13

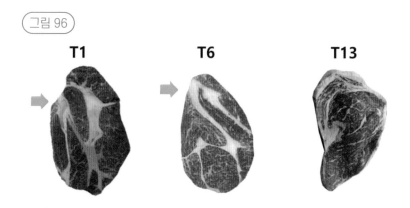

윗등심과 꽃등심에 있던 떡심(녹색 화살표)이 아래등심에는 없다.

이렇듯 아래등심이 윗등심, 꽃등심과 가장 다른 점은 떡심이 없다는 점인데(그림 97), 그렇다면 과연 떡심이란 뭘까?

그림 97

등심 (T1 ~ T13)

떡심 O
　　1) 윗등심 (T1 ~ T5) - 지방 ⬆
　　2) 꽃등심 (T6 ~ T9) - 마블링 ⬆

떡심 X   3) 아래 등심 (T10 ~ T13) - 지방 ⬇

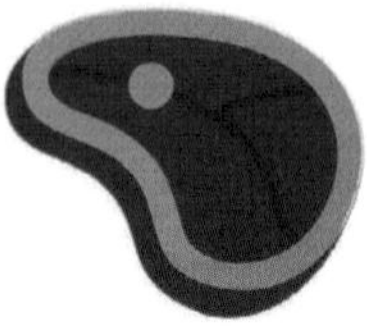

떡심의 정체를 밝혀라!

그림 98

윗등심과 꽃등심에서만 보이는 떡심(녹색 화살표)의 정체는?

마당쇠나 떡쇠와는 아무런 상관이 없는(당연히 떡하고는 더더욱 상관이 없는) 떡심이란, Nuchal ligament로서 'Nuchae'란 'Nape', 즉 'Back of the neck'을 의미하므로 '목덜미 인대'라고 불린다.

그림 99

Nuchal ligament 목덜미 인대 nuchae = "nape" (back of the neck)

▶ Developed independently in humans and other animals

▶ Well adapted for Running

▶ Continuous with the supraspinous ligament

떡심(Nuchal ligament, 녹색 화살표)

사람과 달리 유제류(有蹄類, Ungulate)에서 특징적으로 잘 발달되어 있는데, 사람은 머리를 몸 위에 올리고 두 발로 걷지만, 반면에 네발짐승들에 있어서는 머리를 앞쪽으로 길게 내밀고 있는 형국이라(마치 낚싯대처럼), 머리의 무게를 감당하기 위해서는 항상 불필요한 에너지가 소모된다.

한편 이러한 머리 구조로 야생에서 뛰어다니다 보면 머리의 출렁임을 그냥 근육만으로는 감당하기가 힘들게 되는데, 이때 Nuchal ligament라는 인대 구조를 이용하면 적은 에너지 소비로도 효과적으로 머리의 무게를 지탱할 수 있다.

반면 사람이나 유인원 등에서는 머리를 위에 얹고 다니므로 그 필요성이 감소하여 거의 사라져 얇은 근막처럼 보이게 되는데, 목뒤 정중앙에 Trapezius m., Splenius capitis m., Rhomboid minor m., Serratus posterior superior m. 등이 만나서 만드는 건막(Aponeurosis) 형태로 관찰된다(그림 100).

그림 100

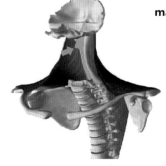

made by the aponeurosis of
1) Trapezius m.
2) Splenius capitis m.
3) Rhomboid minor m.
4) Serratus posterior superior m.

떡심(Nuchal ligament, 녹색 화살표)

한편 일반적인 Ligament(인대)는 Collagen으로만 이루어져 있어서 질긴 반면에 탄력성이 없으나, 이런 네발짐승들의 Nuchal ligament는 굉장히 질기면서도 탄력성이 있는데, 이는 Collagen fiber에 탄력 섬유인 Elastin이 함유되어 Fiber-Reinforced Composite 형태를 이루기 때문이다.

또한 Elastin이 함유된 관계로 좀 더 노란색을 띄는데, 흔히 Paxwax 또는 Paddywhack이라 불리며 개 껌(Dog Chew) 등에 활용된다.

그림 101

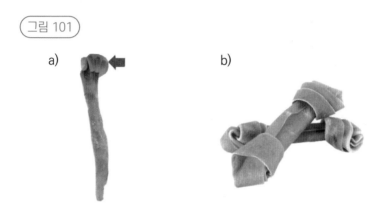

a)

b)

a) 한쪽 편에서 채취된 소의 Nuchal ligament, 사람 손(빨간색 화살표)
   의 크기와 비교해 볼 것.
b) 개 껌으로 가공된 예

4) 살치살(Chuck flap tail)

다음으로는 농림수산식품부 고시에 따른 대분할 10개 부위 중 등심, 그중 소분할 39개 부위 중 살치살에 대하여 살펴보도록 하자.

그림 102

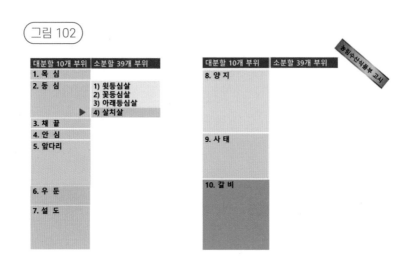

살치살(Chuck flap tail)은 고시에 따른 분류상 등심으로 분류하지만, 엄격히 말하자면 큰 기둥 형태로 척추의 극돌기와 횡돌기를 종으로 주행하는 윗등심살, 꽃등심살, 아래등심살과는 전혀 다른 형태와 기능을 가지고 있다.

그림 103

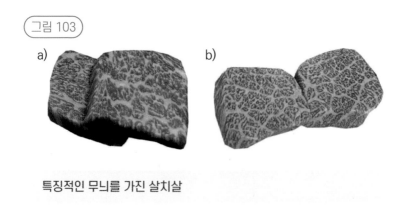

특징적인 무늬를 가진 살치살

소에 있어 살치살(Chuck flap tail)은 Serratus ventralis m.(복거근, 腹鋸筋, 배톱니근)로서 Denver steak라고도 불리는데, 점박이 표범 무늬 혹은 눈꽃 송이 같은 특징적인 무늬를 가진다.

한편 Serratus ventralis m.은 앞다리와 등배근에 가려져 적은 부분만이 노출되므로 작은 근육일 것 같지만(그림 104-a), 실제 전체 근육을 표시하여 보면 아래 그림과 같이 상당히 큰 부분을 차지한다(그림 104-b).

그림 104

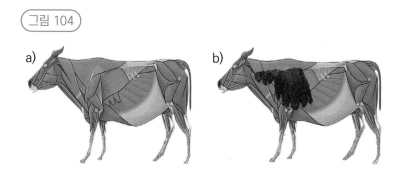

a)   b)

소의 살치살(Chuck flap tail)인 Serratus ventralis m.(복거근, 腹鋸筋, 배톱니근, 녹색 부위)

그러므로 살치살을 얻기 위해서는 광배근을 포함하여 앞다리를 제거한 후에 안에 있는 알등심과도 분리하여야 하는데, 이렇게 되면 살치살은 얻었지만 전체적인 등심의 모양이 망가지게 되어 수익성이 떨어지므로(?), 대개 살치살의 일부를 등심에 포함시켜 정형하는 경우가 많다. 비록 분류상 등심에 포함시키고 있지만, 엄격히 말하자면 등심이 아니라 옆심(?)이라고 해야 맞을 듯하다.

더불어 '멸치', '꽁치', '갈치', '참치' 등은 생선 이름이지만, '살치살'은 생선이 아니라 소고기라는 점이 다소 역설적이라 하겠다.

한편 사람에 있어 '살치살'에 해당하는 근육은 Serratus anterior m.(전거근, 前鋸筋, 앞톱니근)로, 등배근의 아래에 볼록볼록 올라오는 근육을 볼 수 있다.

그림 105

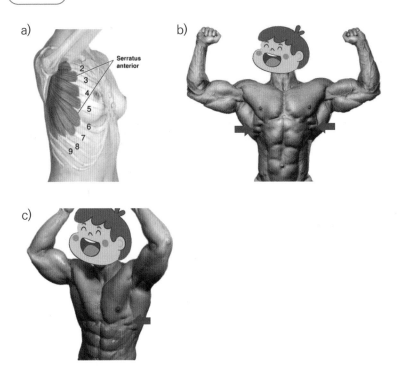

채끝

(Strip loin, Sirloin, New York Strip)

다음으로는 농림수산식품부 고시에 따른 대분할 10개 부위 중 채끝, 그중 소분할 39개 부위 중 채끝살에 대하여 살펴보도록 하겠다.

그림 106

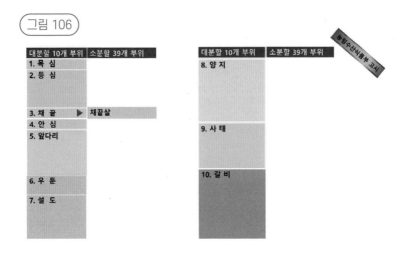

농림수산식품부 고시에 따른 정의

• 대분할

- **채끝**: 마지막 등뼈(흉추)와 제1허리뼈(요추) 사이에서 제13갈비뼈(늑골)를 따라 절단하고 마지막 허리뼈와 엉덩이뼈(천추골) 사이를 절개한 후 장골 상단을 배바깥경사근(외복사근)이 포함되도록 절단하며, 제13갈비뼈 끝부분에서 복부 절개선과 평행으로 절단하고, 배최장근의 바깥쪽 선단 5cm 이내에서 이분체 분할정중선과 평행으로 치마양지 부위를 절단·분리해 내며, 과다한 지방을 제거 정형한다.

- **채끝살**: 허리최장근(요최장근), 장골늑골근(장늑근), 뭇갈래근(다열근)으로 구성되며 대분할 채끝 부위와 같은 요령으로 등심에서 분리하여 표면 지방을 5㎜ 이하로 정형한 것.

 사실 채끝이란 등심이 아래쪽, 즉 허리 쪽으로 연장된 것이라 볼 수도 있는 관계로 흔하게 속칭 '채끝 등심'이란 용어로 부르기도 한다. 그러므로 채끝을 구성하는 근육 또한 등심과 유사하고, 허리 쪽인 관계로 배최장근(Longissimus m.)과 장늑근(Iliocostalis m.)이 주를 이루는데, 이들 근섬유는 서로 섞여 있어서 근막(Fascia)에 의해 확연히 구분되는 등심과는 달리 마치 밋밋한 하나의 근육인 것처럼 보인다.

그림 107

 소에 있어 채끝의 위치를 살펴보면 [그림 108]과 같으며 요추의 윗부분(L1~L6)을 지나는 등심의 연장 근육이라 볼 수도 있는데, 우마차를 끄는 소가 채찍을 맞는 부분이라 '채끝'이라는 설도 있다. (죄 없는 소를 왜 때리나?)

그림 108

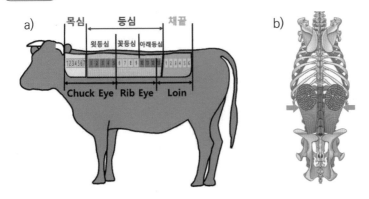

a) 채끝(녹색 부위), b) 소 위쪽에서 본 모습
요추의 횡돌기 위에 얹힌 듯한 모습이다(녹색 화살표).

이를 조금 확대 정리하여 보면 [그림 109]와 같다.

그림 109

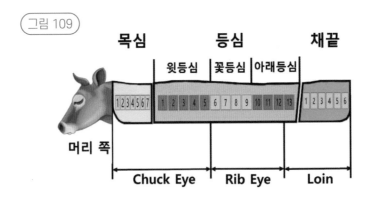

등심에서와 마찬가지로 비행기 날개 위에 얹힌 근육으로 생각해 본다면 다
음과 같이 표시할 수 있다.

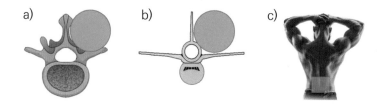

그림 110

a)
b)
c)

채끝의 위치

a) 요추의 윗부분, 즉 극돌기와 횡돌기에 위치한 채끝 근육

b) 비행기 날개 위에 얹힌 것으로 표현된 채끝

c) 사람에 있어 채끝의 위치

채끝은 Strip loin, Sirloin 또는 New York Strip이라 불리는데, 이는 채끝의 단면 모양이 마치 미국의 뉴욕주(州) 모양을 닮았다 하여 붙여진 이름이다 (뉴욕시가 아니라 뉴욕주).

그림 111

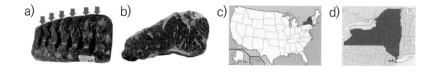

a)
b)
c)
d)

a) 채끝. 요추의 횡돌기 6개가 위치하였던 부분이 자국으로 보인다(녹색 화살표).

b) New York Strip이라 불리는 채끝의 단면 모양

c) 미국 지도 중 뉴욕주

d) 미국 뉴욕주의 확대 모습

안심

- 안심은 진짜 안쪽에 있을까?

다음으로는 농림수산식품부 고시에 따른 대분할 10개 부위 중 안심, 그중 소분할 39개 부위 중 안심살에 대하여 살펴보도록 하자.

그림 112

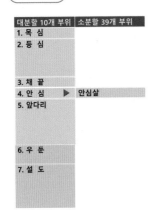

농림수산식품부 고시에 따른 정의

• 대분할

– **안심**: 장골허리근, 작은허리근(소요근) 및 큰허리근(대요근)을 절개하고 지방 덩어리를 제거 정형한다.

• 소분할

– **안심살**: 큰허리근(대요근), 작은허리근(소요근), 장골근으로 구성되며 허리뼈(요추)와의 결합조직 및 표면지방을 제거하여 정형한 것.

먼저 고시의 정의상 매끄럽지 못한 부분을 지적하고자 하는데 1) 대분할의 장골허리근(Iliopsoas m.)이란 큰허리근(대요근, Psoas major m.), 작은허리근(소요근, Psoas minor m.), 장골근(Iliacus m.) 3개를 합쳐 부르는 말임에도 불구하고 고시 1)번에서는 마치 장골허리근을 작은허리근(소요근) 및 큰허리근(대요근)과는 별개의 다른 근육인 양 서술하고 있다. (無能일까? 無智일까?)

한편 이를 바로잡아 간단하게 정리하여 보면 다음과 같다.

안심(Tenderloin) = 장골허리근(Iliopsoas m.)
= 큰허리근(대요근, Psoas major m.) + 작은허리근(소요근, Psoas minor m.)
+ 장골근(Iliacus m.)

그림 113

안심 Tenderloin(US), Fillet(UK), Filet(Fr)

1. Psoas major m. 대요근(大腰筋) 큰허리근

2. Psoas minor m. 소요근(小腰筋) 작은허리근

3. Iliacus m. 장골근(腸骨筋) 엉덩근
창자 장

1) 녹색 화살표: 큰허리근(대요근, Psoas major m.)
2) 검은색 화살표: 작은허리근(소요근, Psoas minor m.)
3) 노란색 화살표: 장골근(Iliacus m.)

한편 안심의 위치를 살펴보면 채끝의 아랫부분으로 표시할 수 있겠는데(그림 114-a), 이는 요추의 안쪽, 배 쪽에 해당한다(그림 114 -b).

그림 114

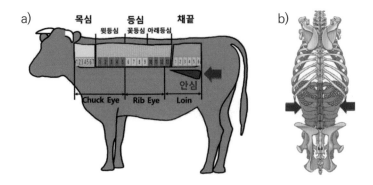

a) 안심의 위치(빨간색 부분, 빨간색 화살표)

b) 소를 위에서 바라보았을 때 요추의 아래, 안쪽, 배 쪽에 채끝과 대칭
되게 종으로 주행하는 근육이다(빨간색 화살표).

만약 이를 또다시 비행기 날개 위에 얹힌 근육으로 생각해서 그려본다면
[그림 115]와 같게 된다.

그림 115

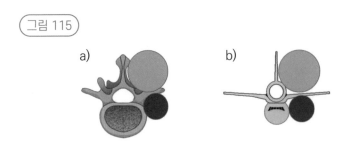

채끝과 안심의 위치

a) 요추의 윗부분, 즉 극돌기와 횡돌기에 위치한 채끝 근육(초록색 원),
요추의 횡돌기 아래 안쪽 배 쪽에 위치한 안심 근육(빨간색 원)

b) 비행기 날개 위에 얹힌 것으로 표현된 채끝 근육(초록색 원), 비행기 날개 아래에 위치한 것으로 표현된 안심 근육(빨간색 원).

즉, 안심이란 요추의 횡돌기 아래로 채끝과 평행하게 주행하는 근육인 셈이다. 그렇다면 안심은 진짜 안쪽에 위치하게 되는가? 그렇다. 안심은 진짜로 안쪽에 위치한다. 이렇게 안심의 위치를 알고 나니 상당히 마음이 안심(安心)되지 않는가? ㅎ

한편 사람에 있어 안심(Iliopsoas m.)에 해당하는 근육을 살펴보면 다음 [그림 116]과 같다.

그림 116

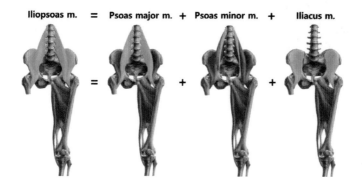

Iliopsoas m. = Psoas major m. + Psoas minor m. + Iliacus m.

사람에 있어 안심(Iliopsoas m.)에 해당하는 근육을 노란색 음영으로 표시하였다(왼쪽 다리를 전방에서 본 그림).

안심은 Tenderloin(US), Fillet(UK), Filet(Fr) 등으로 불리는데 이름 그대로 아주 부드러운(Tender) 식감을 주지만 그 양이 한정적이라 최고급의 스테이크 고기로 평가받는다. 특히 큰 동그랑땡 모양 요리는 Tenderloin medallion(메달 모양 안심)이라 불리고, Psoas m.의 가운데 부분은 특별히 Chateaubriand(샤또 브리앙)이라는 스테이크명을 가지고 있으며, Psoas m.의 앞쪽 끝부분은 불어로 Filet mignon(필레 미뇽, 영어로 Fillet Fine)이라는 스테이크명을 갖는다.

그림 117

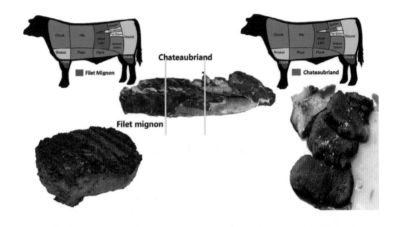

Filet mignon과 Chateaubriand

티본스테이크(T-Bone Steak)의 정체?

그림 118

요즘 들어 심심찮게 티본스테이크(T-Bone Steak)의 광고들도 눈에 띄고, 사람들 간에도 회자되는 듯하다. 그러다 문득 "우리 몸 어디에 'T' 자 형태를 가진 뼈가 있다는 거지?" 하는 의문이 들어 아무리 생각을 해 보아도, 그리고 해부학 좀 한다는 분들에게 물어봐도 돌아오는 답변은 '글쎄'였는데….

그렇지 않던가? 우리 몸에 'T' 자 형태를 가진 뼈가 있던가? 그런데도 어떻게? 왜? 'T' 자형 뼈를 가진 스테이크라는 걸까?

T-Bone Steak란 T 자 형태가 나오도록 뼈를 썰어 낸 것이지, 저절로 T 자 모양을 가지는 뼈는 우리 몸에는 없다. 또한 완벽한 T 자 형태는 아니고 대략 T 자라고 인정할 만한 모양으로 자른 것이다. 그럼 어느 뼈를? 바로 척추를, 그중에서도 요추를, 요추의 극돌기, 횡돌기, 몸체가 포함되도록 횡으로 썰어 낸 두툼한 한 층의 고기인데, 이렇게 되면 윗부분에는 채끝이, 아랫부분에는 안심이 요추에 붙어 있는 상태의 고기를 만들어 낼 수 있다. 즉, 채끝과 안심

을 같이 맛볼 수 있게 되는 것인데, 요즘의 퓨전 중화요리인 짬짜면(짬뽕 절반, 짜장 절반)에 해당한다 하겠다. 이를 도식화하여 보면 다음 [그림 119]와 같다.

그림 119

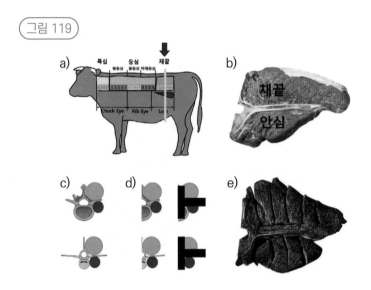

티본스테이크(T-Bone Steak)의 이해(녹색 부분은 채끝, 빨간색 부분은 안심을 의미한다).

a) 요추 부위에서 위(등 쪽)로는 채끝, 아래(배 쪽)로는 안심이 붙어있는 상태로 같이 자르게 된다(파란색 화살표 방향).

b) 채끝과 안심이 위아래로 붙어 있는 상태로 썰린 모습

c) 정면에서 보았을 때 요추에 채끝과 안심이 같이 붙어 있는 모습과 이를 비행기에 비유한 모습

d) 이분도체의 형태로 정중앙에서 잘린 모습과 T-Bone Steak의 'T'의 형태를 대칭시킨 모습

e) 미션: 잘 요리된 티본스테이크에서 'T' 글자를 찾아라!

그렇다. 정중앙에서 잘린 이분도체에 있어 요추의 극돌기와 몸체가 'T'

의 머리 부분을 형성하고, 횡돌기는 'T'의 기둥 부분을 형성하는 것으로 이해할 수 있다. 한편 Short Loin Steak 또는 Sirloin Steak(Commonwealth countries)라고도 불리는 T-Bone Steak는 당연히 잘린 요추의 높이에 따라 안심의 크기가 달라지므로(L1에서 안심이 가장 적고, L6에서 안심이 가장 많다), L1 높이에서의 T-Bone Steak의 양이 가장 적고(안심이 적으므로), L6 높이에서의 T-Bone Steak의 양이 가장 많게 된다. 이때 안심의 양이 적은 L1 높이에서의 T-Bone Steak는 그 모양이 'T'보다는 'L'을 닮았다 하여 'L-Bone Steak'라 부르기도 하며, 반대로 L6 높이에서의 T-Bone Steak는 그 양이 가장 많아서 'Porterhouse'라는 별칭으로 부르기도 한다(그림 120).

그림 120

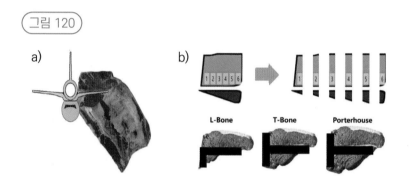

a) 위 채끝과 아래 안심, 그리고 이를 비행기에 비유한 모습

b) 요추 높이에 따라 L-Bone, T-Bone, Porterhouse로 구분되며, 여기에 'L'과 'T'를 대칭시킨 모습. 아래 안심이 적은 L-Bone과 아래 안심이 두툼한 Porterhouse가 대조적이다.

Porterhouse란 이름은 1800년대 맨해튼 항구에 있던 술집으로, 두툼한 안심과 채끝이 같이 붙어있는 요추 하단부 스테이크를 제공함으로써 많은 인기를 끌었던 데서 그 이름이 유래했다 한다.

Chapter VII

앞다리

다음으로는 농림수산식품부 고시에 따른 대분할 10개 부위 중 앞다리, 그 중 소분할 39개 부위 중 앞다리에 속하는 꾸리살, 부채살, 앞다리살, 갈비덧살, 부채덮개살에 대하여 살펴보도록 하자.

그림 121

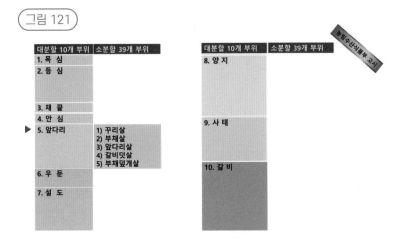

대분할 분류를 보면 앞다리는 있는데, 뒷다리는 없는 것을 알 수 있다.

농림수산식품부 고시에 따른 정의

• 대분할

- **앞다리**: 상완골을 둘러싸고 있는 상완두갈래근(상완이두근), 어깨 끝의 넓은등근(광배근)을 포함하고 있는 것으로 몸체와 상완골 사이의 근막을 따라서 등뼈(흉추) 방향으로 어깨뼈(견갑골) 끝의 연골 부위 끝까지 올라가서 넓은등근(활배근) 위쪽의 두터운 부위의 1/3 지점에서 등뼈와 직선되게 절단하고, 발골하여 사태 부위를 분리해 내어 생산하며 과다한 지

방을 제거 정형하고, 1) 꾸리살, 2) 부채살, 3) 앞다리살, 4) 갈비덧살, 5) 부채덮개살이 포함된다.

이때 광배근을 앞다리에 포함시키고 있는 점에 주목할 필요가 있다.

한편, 수차 언급하지만 소의 경우 쇄골(Clavicle)이 없는 관계로 가슴 쪽으로 어깨가 심하게 굽은 듯한 모습을 가지게 되므로, 사람에 있어 등에 위치하는 견갑골(Scapula)이 소에 있어서는 옆으로 위치하면서 마치 팔이 어깨 쪽으로 길게 연장된 듯하게 보인다. 이런 관계로 견갑골(Scapula)을 고시에서는 앞다리로 분류하고 있다. 또 한편, 견갑골(Scapula)의 뒤편(등 쪽)으로는 견갑골을 가로지르는 돌기가 있는데 이 또한 척추에서와 유사하게 Spine(극, 棘, 가시, 견갑가시돌기)이라 부른다.

그림 122

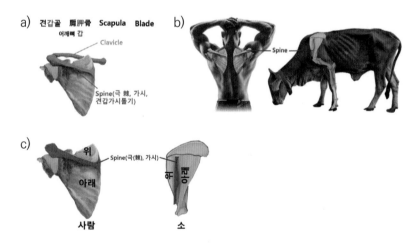

a) 견갑골의 기본 형태, b, c) 사람과 소의 견갑골(Scapula)과 견갑골의 Spine(극, 棘, 가시, 견갑가시돌기)

01 | 꾸리살

그림 123

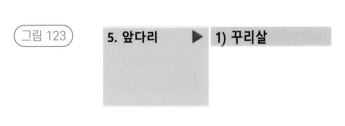

| 5. 앞다리 ▶ | 1) 꾸리살 |

농림수산식품부 고시에 따른 정의

• 소분할

– **꾸리살**: 어깨뼈(견갑골) 바깥쪽 견갑가시돌기 상단부에 있는 가시위근 (극상근)으로 견갑가시돌기를 경계로 하여 부채살에서 근막을 따라 절단 하여 정형한 것.

즉, 꾸리살이란 가시위근(극상근, Supraspinatus m.)을 가리키는 것으로 앞 서 언급한 Spine(극, 棘, 가시), 즉 견갑가시돌기 위에 위치한 근육이다.

그림 124

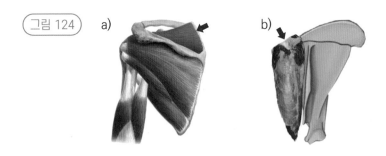

a)   b)

a) 사람의 극상근(파란색 음영, 파란색 화살표)

b) 소의 꾸리살, 즉 소의 극상근(파란색 화살표)

둥글게 감아 놓은 '실꾸리'처럼 생겼다 하여 이름 붙여졌다 하지만, 글쎄 필자의 눈에는 그냥 근육으로만 보이는데, 웬 실꾸리? 어쨌든 영어로는 Chuck Tender라 불린다.

02 | 부채살

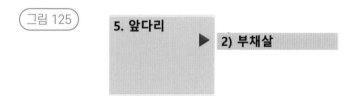

그림 125

5. 앞다리 ▶ **2) 부채살**

농림수산식품부 고시에 따른 정의

• 소분할

– **부채살**: 어깨뼈(견갑골) 바깥쪽 견갑가시돌기 하단부에 있는 가시아래근 (극하근)으로 앞다리살, 꾸리살 부위와 근막을 따라 분리 정형한 것.

즉, 부채살이란 가시아래근(극하근, 棘下筋, Infraspinatus m.)을 가리키는 것으로 앞서 언급한 Spine(극, 棘, 가시), 즉 견갑가시돌기 아래에 위치한 근육이다.

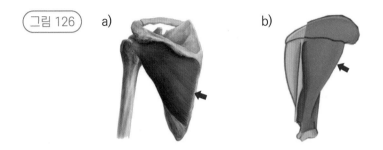

그림 126 a) b)

Spine(극, 棘, 가시) 아래에 위치하므로 가시아래근, 즉 극하근(棘下筋, Infraspinatus m.)이라 불린다.

a) 사람의 극하근(파란색 음영, 파란색 화살표)

b) 소의 극하근, 즉 부채살(파란색 음영, 파란색 화살표)

Flat iron, Top blade, Oyster blade라 불리는 부채살은 그 자른 단면을 보면 가운데를 가로지르는 근막 같은 부분에 의해 다른 고기들과 확연히 구분되는데, 그 모양이 마치 부채를 닮았다 하여 붙여진 이름이다(그림127).

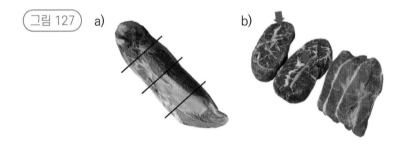

그림 127 a) b)

a) 소의 극하근(棘下筋) 전체가 적출된 모습. 표시된 검은 선을 따라 잘라서 보면, b) 근막 같은 하얀 부분(녹색 화살표)이 단면 정중앙을 가로지르는 것을 볼 수 있다.

하지만 이게 어떻게 부채랑 닮았단 말인가? 아무리 살펴보아도 부채를 닮지는 않은 듯한데(그림 128-a, b), 억지로 요런 부채를 닮았다 우기면(용왕이나 임금님 시녀들이 들고 있는 부채), 조금 닮은 듯하다(그림 128-c). 하지만 꾸리살처럼 부채살이란 명명 자체가 조금은 억지스러워 보인다(소고기에 웬 뜬금없는 실꾸리와 부채? 나중엔 선풍기도 나오려나?).

그림 128

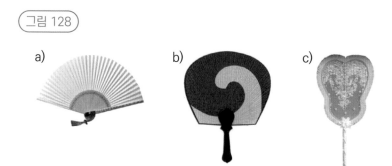

a)   b)   c)

03 | 앞다리살

그림 129

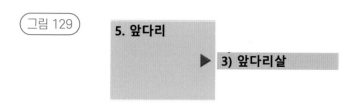

5. 앞다리

▶ 3) 앞다리살

- 소분할

- **앞다리살**: 어깨뼈(견갑골) 안쪽 부분과 상완골을 감싸고 있는 근육들로 앞다리 부위에서 꾸리살, 부채살, 부채덮개살, 갈비덧살 부위를 제외한 부분을 분리 정형한 것.

느끼셨겠지만 참으로 무책임하고 무의미한 정의라 하겠는데, '앞다리살은 어느 어느 근육이다'라고 정의한 것이 아니라 '앞다리살은 A, B, C, D를 제외한 나머지 것'이라는 건데, 일고의 가치도 없는 안타까운 서술이라 하겠다. 법령의 정의가 이렇게 애매하다 보니 더 이상의 설명은 불필요할 듯하다. 쩝!

04 | 갈비덧살

그림 130

농림수산식품부 고시에 따른 정의

- 소분할

  - **갈비덧살**: 앞다리 대분할 시 앞다리에 포함되어 분리된 넓은등근(활배근)으로 앞다리살 부위와 분리한 후 정형한 것.

즉, 갈비덧살이란 '광배근(廣背筋) = 활배근(闊背筋) = Latissimus dorsi m. = 넓은등근'을 의미한다. 위에서 보듯이 같은 하나의 근육을 가리킴에도 불구하고 네다섯 가지의 명칭을 써야 하는 이런 상황이 안타까울 따름이다. 왜들 그럴까? 용어의 통일도 안 되니, 남북통일이 되겠나?

한편 사람에 있어서는 분명히 등 쪽에 위치한 광배근이지만, 소에 있어서는 좁은 가슴으로 인해 옆쪽으로 위치하는 것을 볼 수 있다.

그림 131

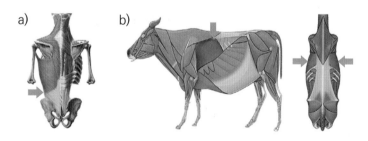

a) 사람의 광배근(녹색 화살표)
b) 소의 광배근(녹색 화살표)

위 그림에서 다시 한번 확인해 볼 수 있듯이 광배근을 앞다리에 포함시켜 분류하는 것이 적절한 것인가 하는 의문과 더불어, 갈비(Rib)하고는 아무런 상관이 없음에도 불구하고 갈비에 덧붙여진 살이라는 의미의 '갈비덧살'이라는 용어를 사용하는 것 또한 과연 바람직한 명명 법일까 하는 생각이 든다(물론 광배근을 포함하여 앞다리를 제거하게 되면 갈비 부위가 나타나는 것이 이해 안 되는 것은 아니지만, 광배근을 앞다리로 분류해 놓고선 '갈비덧살'이라 표현하는 것은 적절치 않다고 판단된다).

05 | 부채덮개살

그림 132

5. 앞다리

▶ 5) 부채덮개살

농림수산식품부 고시에 따른 정의

• 소분할

– **부채덮개살**: 어깨뼈(견갑골) 안쪽에 있는 견갑오목근(견갑하근)으로 대분할 앞다리 부위에서 분리 정형한 것.

즉, 부채덮개살은 견갑하근(肩胛下筋, 견갑오목근)으로서 Subscapularis m.을 의미하는데, 꾸리살(극상근, 棘上筋, Supraspinatus m., 가시위근)과 부채살(극하근, 棘下筋, Infraspinatus m., 가시아래근)이 견갑골의 등 쪽(背, Dorsal side)이라면, 부채덮개살은 견갑골의 배 쪽(腹, Ventral side) 면에 붙은 근육인 셈이다.

그림 133

사람에 있어서 견갑하근(肩胛下筋, 견갑오목근, Subscapularis m., 파란 색 화살표). 사람의 왼쪽 어깨를 정면에서 본 모습이다.

'부채덮개살'이라는 명칭에 대해서도 언급을 하지 않을 수가 없는데, '부채 덮개'라는 물건이나 용어 자체가 생소할뿐더러, 부채를 덮을 일이나 필요성도 없는데 그냥 견갑하근이라 하면 될 것을, 꼭 쓰이지도 않는 이런 용어를 굳이 법령에 사용할 필요가 있을까? (혹시 부채 덮개를 보신 분들 계신지?)

그림 134

필자가 생각해 본 '부채 덮개'

아마도 그 반대편의, 즉 등 쪽의 부채살과 짝을 이루기 위해서 이름 붙여진 것으로 생각되는데, 차라리 '견갑아래살', '견갑오목살' 또는 그도 저도 싫으면 '부채아래살'이라 쓰는 게 더 낫지 않았을까? (이렇게 자꾸 말을 만들어 내는 것, 바로 이런 행위가 참으로 경계해야 할 일이나, 한편으로는 잘못된 것은 하루라도 빨리 고쳐야 할 것이다.)

Chapter VIII

우둔

우둔의 설명에 앞서, 우둔과 설도의 확실한 구분과 위치를 설명하고자 한다.

그림 135

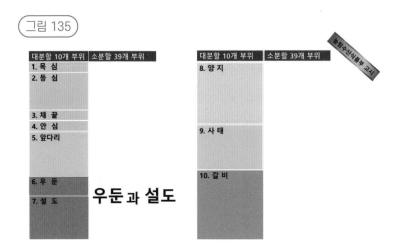

대분할 10개 부위	소분할 39개 부위
1. 목 심	
2. 등 심	
3. 채 끝	
4. 안 심	
5. 앞다리	
6. 우 둔	
7. 설 도	

우둔과 설도

대분할 10개 부위	소분할 39개 부위
8. 양 지	
9. 사 태	
10. 갈 비	

동림수산식품부 고시

소의 대분할 5번 앞다리에 대응하여, 뒷다리에 해당하는 부분이 6번과 7번, 즉 우둔과 설도이다. 조금 더 쉽게 이해하자면 소의 엉덩이와 허벅지에 해당하는데, 많은 경우 2D의 평면 그림을 이용하여 설명하므로 우둔과 설도를 엉뚱하게 표현하는 경우가 대다수이다.

그림 136

대분할 10개 부위

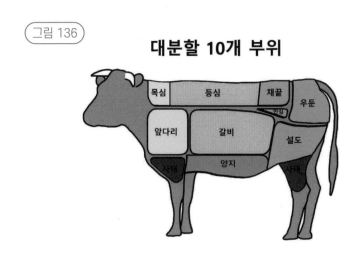

우둔과 설도를 잘못 표현한 대표적인 예. 마치 우둔은 엉덩이의 윗부분, 설도는 엉덩이의 아랫부분인 양 잘못 표현하고 있다.

우둔과 설도를 정확히 구분하기 위해서는 소의 엉덩이를 뒤에서 보아야 한다(그림 137-a). 빨간색으로 표현된, 즉 소의 엉덩이의 내측(Medial) 부위가 바로 우둔이며, 녹색으로 표시된 외측(Lateral) 부위가 바로 설도이다(그림 137-b). 이때 우둔과 설도를 구별 짓는 대표적인 근육이 있는데, 바로 홍두깨살로 불리는 반건양근(半腱樣筋, Semitendinosus m., 그림 137-c, 파란색 부위)이다.

소의 엉덩이에서 반건양근을 포함하여 안쪽(Medial) 부위의 근육들이 우둔을 이루며, 반건양근의 바깥쪽(Lateral) 부위의 근육들은 설도를 이루게 된다. 소의 뒷다리는 사람과는 달리(사람은 대체로 동그란 단면을 가진다.) 정말로 넓적한 넓적다리를 가지는 관계로, 소의 이분도체에서 뒷다리만을 분리하게 되면 안쪽(내측, Medial)과 바깥쪽(외측, Lateral)으로 나눠서 구분하고 정형하는 것이 여러모로 유용하고 편리하다(그림137-d).

그림 137

a)	b)	c)	d)

a) 소의 뒷모습, b) 우둔(빨간색 부위)과 설도(녹색 부위)

c) 우둔과 설도를 구별 짓는 대표적 근육인 반건양근(半腱樣筋, Semitendinosus m., 파란색 부위)

d) 이분도체에서 뒷다리를 분리한 후 반건양근의 바깥쪽(검은색 선)을
기준으로 우둔과 설도로 나누게 된다.

또, 다른 각도에서 우둔과 설도를 살펴보면 다음과 같다.

그림 138

우둔(빨간색 부위)과 설도(녹색 부위)

　자, 이렇게 하여 우둔과 설도를 구분할 수 있게 되었으므로, 이제는 본격적
으로 우둔(牛臀)에 대하여 살펴보도록 하겠다.
　농림수산식품부 고시에 따른 대분할 10개 부위 중 우둔(牛臀), 그중 소분할
39개 부위로 우둔살과 홍두깨살로 나뉜다.

그림 139

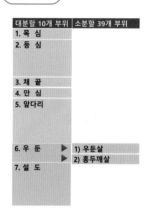
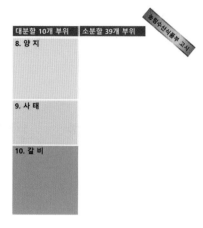

농림수산식품부 고시

대분할 10개 부위	소분할 39개 부위
1. 목 심	
2. 등 심	
3. 채 끝	
4. 안 심	
5. 앞다리	
6. 우 둔 ▶	1) 우둔살
▶	2) 홍두깨살
7. 설 도	

대분할 10개 부위	소분할 39개 부위
8. 양 지	
9. 사 태	
10. 갈 비	

농림수산식품부 고시에 따른 정의

• 대분할

– **우둔**(牛臀): 뒷다리에서 넓적다리뼈(대퇴골) 안쪽을 이루는 내향근(내전 근), 반막모양근(반막양근), 치골경골근(박근), 반힘줄모양근(반건양근)으 로 된 부위로서 하퇴골 주위의 사태 부위를 제외하여 생산하며 우둔살, 홍두깨살이 포함된다.

이 정의에서 우둔은 4개의 근육으로 이루어져 있다는 것, 그리고 '하퇴골' 이라는 잘 사용하지 않는 명칭을 사용한다는 점 등을 유념해 두고, 먼저 우둔 살에 대하여 살펴보도록 하자.

그림 140

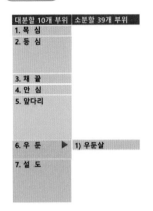
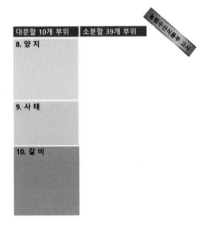

대분할 10개 부위	소분할 39개 부위
1. 목 심	
2. 등 심	
3. 채 끝	
4. 안 심	
5. 앞다리	
6. 우 둔 ▶	1) 우둔살
7. 설 도	

대분할 10개 부위	소분할 39개 부위
8. 양 지	
9. 사 태	
10. 갈 비	

농림수산식품부 고시

농림수산식품부 고시에 따른 정의

- 소분할

  - **우둔살**: 뒷다리 엉덩이 안쪽의 내향근(내전근), 반막모양근(반막양근)으로 우둔 안쪽 부위 근막을 따라 반힘줄모양근(반건양근)과 분리한 후 정형한 것.
  - **홍두깨살**: 뒷다리 안쪽의 홍두깨 모양의 단일 근육으로 반힘줄모양근(반건양근)이며, 우둔 안쪽 부위 근막을 따라 우둔살과 분리한 후 정형한 것.

정의 자체는 그럴듯하나, 좀 더 찬찬히 살펴보게 되면 내전근, 반막양근을 반건양근과 분리한 것이라는 건데, 분명 조금 앞서 말씀드린 농림수산식품부 고시에 따른 우둔의 정의에는 분명 '4개의 근육으로 구성되어 있다'라고 서술하고 있었다.

홍두깨살은 반건양근(半腱樣筋, Semitendinosus m.) 단일 근육으로 이루어진 점을 고려할 때 분명 근육 하나를 빠뜨려 먹은 게 분명하다. 어느 근육인가? 바로 치골경골근(박근)이다. 우째 이런 일이? 이 책의 말미에 첨부된 농림수산식품부 고시에서 꼭 확인해 보시길.

그럼 치골경골근(박근)은 우둔살이라고 해야 하나, 우둔살이 아니라고 해야 하나(치골경골근(박근)은 분명히 우둔살이 맞다)?

누군가 법을 만들면서 이 또한 대충 또는 깜박 만들지 않았나 싶다. 분명 4개라 하고 나서 돌아서서는 3개만을 말하고 있으니 말이다. 그런데 설상가상으로 이후에도 여러 군데 부적절하거나 엉터리 표현 등이 많다는 점인데, 앞으로도 조목조목 짚어서 설명드리도록 하겠다. 더불어 여기에 더해 더욱 안타까운 점은 지금까지 그 누구도 이런 문제를 제기하지도 않은 관계로 아직도 이런 법령이, 그리고 아마 미래에도 존재할 것이란 점이다(악법도 법이라지만, 엉터리 법도 법일까?).

이에 필자가 우둔살의 정의를 제대로 고쳐서 다시 한번 정리하여 보면 다음과 같다.

'우둔살은 뒷다리 엉덩이 안쪽의 내향근(내전근), 반막모양근(반막양근), 치골경골근(박근)으로 우둔 안쪽 부위 근막을 따라 반힘줄모양근(반건양근)과 분리한 후 정형한 것.'

자, 이제부터는 바로잡아진 정의를 갖고서 본격적으로 우둔살에 대하여 살펴보도록 하겠다. 우둔살은 영어 표현으로도 Inside (Topside) Round로 '엉덩이의 안쪽'이란 표현인데, 엉덩이를 'Round'로 표현하는 점이 흥미롭다.

앞서 강조한 대로 우둔살은 내전근(內轉筋, Adductor m.) 반막양근(半膜樣筋, Semimembranosus m.) 박근(薄筋, Gracillis m.) 세 가지 근육으로 이루어져 있으며, 그중 먼저 내전근을 살펴보자.

1) 내전근(內轉筋, Adductor m.)

종종 '내향근'이라는 표현이 쓰이고 있으며, 그 뜻을 이해 못 하는 바 아니나, 여러 사전 검색에서 '내향'이라는 단어를 찾아볼 수 없는 관계로 '내전근(內轉筋)'이라는 용어를 사용토록 하겠다. 내전(內轉, Adduction)이란 안쪽(내측, Medial)으로의 이동을 의미하므로, 이때 사용되는 근육이 바로 내전근(內轉筋, Adductor m.)이 된다. 당연히 반대되는 개념인 외전(外轉, Abduction)은 바깥쪽(외측, Lateral)으로의 이동을 의미한다.

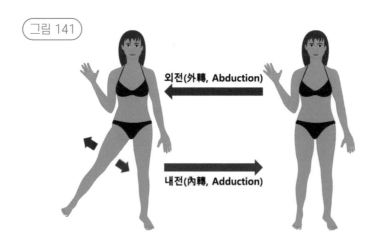

그림 141

내전(內轉, Adduction 빨간색 화살표)과 외전(外轉, Abduction 파란색 화살표)

내전근은 다시 장내전근(長內轉筋, Adductor longus m.), 단내전근(短內轉筋, Adductor brevis m.), 대내전근(大內轉筋, Adductor magnus m.) 세 가지로 분류할 수 있다.

그림 142

내전근　內轉筋　Adductor m.

장내전근(長內轉筋, Adductor longus m.)
단내전근(短內轉筋, Adductor brevis m.)
대내전근(大內轉筋, Adductor magnus m.)

이를 각 내전근별로 좀 더 세분화하여 설명하면 다음과 같다.

그림 143

장내전근(長內轉筋, Adductor longus m.)

장내전근(長內轉筋, Adductor longus m.), 파란색 근육

그림 144

단내전근(短內轉筋, Adductor brevis m.)

단내전근(短內轉筋, Adductor brevis m.), 파란색 근육

그림 145

대내전근(大內轉筋, Adductor magnus m.)

대내전근(大內轉筋, Adductor magnus m.), 파란색 근육

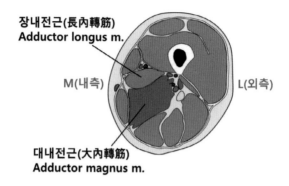

장내전근(長內轉筋)
Adductor longus m.

M(내측)

L(외측)

대내전근(大內轉筋)
Adductor magnus m.

왼쪽 다리의 단면 모습. 장내전근(녹색부위)과 대내전근(파란색 부위)
이 관찰된다.

2) 반막양근(半膜樣筋, Semimembranosus m.)

근육이 얇아서 근육이라기보다는 막 같아 보인다는 것으로, "반(半, semi)은
막(膜, membrane) 같은(양, 樣, osus) 근(筋, muscle)"이라는 뜻이다. 사명감에
불타시는 분들에 의해 반막모양근으로 강제 개칭을 당하는 수모를 당했지만
'모양(模樣)' 역시 한자(漢字)일 터, 그분들은 왜 이런 말장난을 업(業)으로 삼
으시는지? 그러면 기분이 좀 업(Up) 되시는지? 참으로 악업(惡Up)이로다.

덕분에 말은 자꾸 늘어나고, 배우는 후학이나 일반인들은 더더욱 어렵게
느껴지고… 단 하나의 근육을 단 하나의 용어로 부르면 될 것을. 업보(業報)
만이 쌓일 뿐이다. 업장소멸(業障消滅) 축원(祝願)!

어찌 되었든 사람과 소에 있어 반막양근(半膜樣筋, Semimembranosus m.)
을 표시하여 보면 다음과 같다.

그림 147

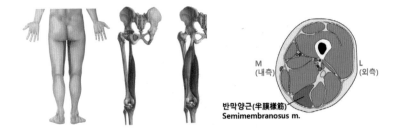

사람의 반막양근(半膜樣筋, Semimembranosus m.), 파란색 부위, 왼쪽 다리 기준

그림 148

소의 반막양근(半膜樣筋, Semimembranosus m.), 파란색 부위, 우둔살 에 포함된다.

3) 박근(薄筋, Gracillis m.) = 대퇴박근(大腿薄筋, Gracillis m.)

薄이란 한자는 '엷을 박'으로 박봉(薄俸, 적은 월급)이라든가 희박(稀薄)하다 등에 쓰이는 글자로, 박근의 모양이 좁고 얇고 긴 덕에 붙여진 이름이다. 이 박근 역시 사명감에 불타는 분들에 의해 '두덩정강근'으로 강제 개칭되는 수

모를 겪었는데, '두덩'이라는 말의 어감이 좋지도 않을뿐더러 고치려면 '두덩정강이근'으로 고쳐야 하지 않았을까? Lower leg를 '정강이'라고 부르지, 누가 '정강'이라고 부른다는 말인가? 차라리 그대로 두면 더 나을 일을, 무슨 '개혁(改革)'이니 뭐니 선동하는 분들, 나중 최종 결과를 보면 대개는 '개악(犬惡)'인 경우가 대다수였다. 이 또한 업보(業報)로다. 어찌 되었든, 사람과 소에 있어 박근(薄筋, Gracillis m.)을 표시하여 보면 다음과 같다.

그림 149

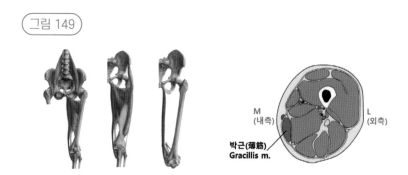

사람의 박근(薄筋, Gracillis m.), 파란색 부위, 왼쪽 다리 기준

그림 150

소의 박근(薄筋, Gracillis m.), 파란색 부위. 우둔살에 포함된다.

한편 농림수산식품부 고시에 따라 우둔을 정의할 때 보면 박근을 '치골경골근'이라고 표시하고 있는데, '치골경골근'이라는 단어는 우리말에 없을뿐더러, 오히려 '치골경골근'을 일본어 사전에 대입하여 보면 '薄筋', '大腿薄筋'이라 나온다.

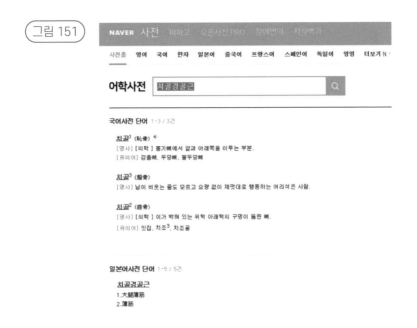

'치골경골근'이란 단어는 국어사전에는 없으나, 일본어 사전에서는 '薄筋', '大腿薄筋'으로 검색된다.

사전에도 없는 용어를 쓰는 농림수산식품부 고시는 어느 나라 법령일까? 게다가 아직까지도 일본식 표현을 법령 용어에 사용하고 있는 나라는 도대체 어느 나라란 말인가? 사명감에 불타시는 분들은 이런 건 고치지 않고, 뭐 하시는 걸까? 아니면 말고?

어찌 되었든 소분할 39개 부위 중 우둔살을 이렇게 정리하고, 다음으로는 대분할 우둔의 나머지 부분인 홍두깨살에 대하여 살펴보도록 하겠다.

02 | 홍두깨살(Eye of Round)

그림 152

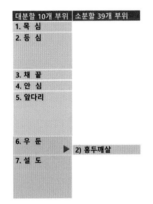

농림수산식품부 고시에 따른 정의

- 소분할

  – **홍두깨살**: 뒷다리 안쪽의 홍두깨 모양의 단일 근육으로 반힘줄모양근(반건양근)이며, 우둔 안쪽부위 근막을 따라 우둔살과 분리한 후 정형한 것.

홍두깨살을 이루는 반건양근(半腱樣筋, Semitendinosus m.)은 단면이 동그라면서 확연히 구분이 잘되는 근육인 관계로 영어 표현으로도 **Eye** of Round라 불리는데, 등심에 있어 Chuck **Eye**, Rib **Eye**의 예와 유사하다 하겠다. 또한 아랫부분으로 갈수록 질긴 건(腱, tendon)을 형성하므로 "반(半, semi)은 건(腱, tendin) 같은(양, 樣, osus) 근육(筋, muscle)"이라는 뜻이 되겠다.

생긴 모양도 자꾸 우겨 대면 홍두깨를 닮았다고 인정할 정도로 그럴듯하며, 확실한 결을 가지고 그 결에 따라 찢어지는 특성을 가지고 있는 까닭에, 필자의 취향으로는 장조림 용도에서 최고 부위가 아닐까 싶다.

이 또한 훌륭하신 분들에 의해 '반힘줄모양근'으로 개칭되는 수모를 겪고 있는데, '건(腱)'을 '힘줄'로 바꾼 것 외에는 나머지는 다 한자(漢字)이니 이 또한 무슨 대단한 의미가 있으리오? ㅠㅠ(여기 불필요한 단어 하나 또 추가요!)

어찌 되었든 이 홍두깨살을 경계로 우둔(내측)과 설도(외측)가 구분되는데, 사람과 소에 있어서 홍두깨살, 즉 반건양근(半腱樣筋, Semitendinosus m.)을 살펴보면 다음과 같다.

그림 153

반건양근 半腱樣筋 Semitendinosus m. 반힘줄모양근

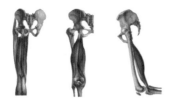

사람의 반건양근(半腱樣筋, Semitendinosus m.), 파란색 부위, 왼쪽 다리 기준

그림 154

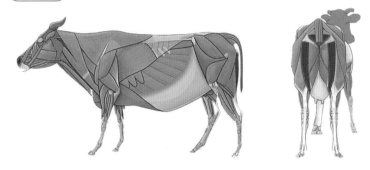

소의 반건양근(홍두깨살, 半腱樣筋, Semitendinosus m.), 파란색 부위,
우둔에 포함된다.

우둔을 구성하는 근육들을 또 다른 그림으로 나타내어 보면 다음과 같다.

그림 155

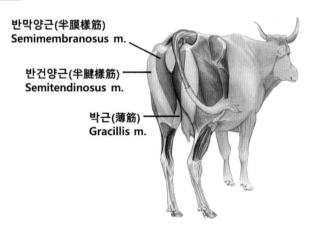

반막양근(半膜樣筋)
Semimembranosus m.

반건양근(半腱樣筋)
Semitendinosus m.

박근(薄筋)
Gracillis m.

골반(骨盤, Pelvis)의 살짝 이해

Pelvis, 골반(骨盤)은 2개의 Hip bone(관골, 臗骨, Pelvic bone)과 Sacrum(천추, 薦椎), Coccyx(미추, 尾椎)로 이루어지는데 Pelvic Girdle(골반대, 骨盤帶)이라고도 표현된다.

골반(骨盤)의 반(盤)은 '소반(小盤) 반'으로 비단 작은 상을 의미하는 소반(小盤)뿐만 아니라, 초반(初盤), 중반(中盤), 기반(基盤), 지반(地盤), 태반(胎盤) 등에도 쓰이는 것으로 보아 '기본', '토대' 등의 의미도 가지므로 골반(骨盤)의 경우는 뼈의 기본 토대라는 의미로 해석할 수도 있겠다.

한편 쟁반(錚盤), 반석(盤石), 반송(盤松) 등의 경우도 같은 글자인 '盤'을 쓰는 것으로 보아 편평하다는 의미도 가진 것으로 보인다.

그림 156

a)

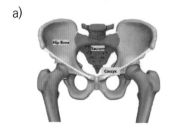

b)

a) 골반(骨盤)은 2개의 Hip bone(관골(臗骨))과 Sacrum(천추), Coccyx(미추)로 이루어진다.

b) 세숫대야를 올려놓으니 딱 맞아 보이는데, 뭔가를 충분히 담을 수 있는 큰 그릇으로 보이지는 않는지?

　한편 Hip bone에 대하여 좀 더 살펴보면, Hip bone의 다른 명칭인 Innominate Bone(무명골, 無名骨)의 의미에 어울리지 않게 여러 가지 많은 이름으로 불리고 있어 적지 않은 혼란을 주는바, 이를 정리하여 보면 다음과 같다.

그림 157

1. **Hip Bone**
2. **Os coxae**
3. **Innominate Bone**
4. **Pelvic Bone**

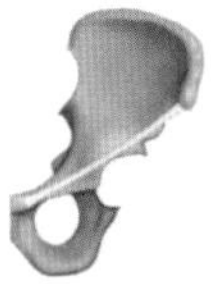

5. **무명골　無名骨**
6. **관골　　膾骨**
　　(허리뼈 관)
7. **볼기뼈**
8. **다리이음뼈**

Hip bone을 지칭하는 여러 용어들. 이 단어들이 모두 Hip bone을 의미한다. 6번의 관골(膾骨)은 광대뼈를 의미하는 관골(顴骨)과는 한자가 다르다.

　하나의 뼈를 지칭하는데 이렇게 많은 단어가 사용되는 현실에 아, 갑자기 슬퍼지기까지 한다. 영어와 한글 표현에 더불어 한자까지 고려하여 보면 아! 벌써 몇 개의 단어를 사용하는가?

　왜들 다들 이렇게 말을 만들어 낼까? 기존의 단어도 많은데, 사명감에 불타시는 분들은 거기다 또 볼기뼈, 다리이음뼈란 말을 꼭 추가해야만 했을까?

기어코 말을 더 만들어 내니 의사 전달이 더 쉬워졌는가 말이다. 악업(惡業)의 연속(連續)이로다.

자, 어찌 되었든 이런 만연체(蔓衍體)의 슬픔을 뒤로하고 다시 Hip bone(앞으로는 Hip bone으로만 표기하겠다.)에 대해 살펴보면, Hip bone은 원래 ① 장골(腸骨, Ilium), ② 좌골(坐骨, Ischium), ③ 치골(恥骨, Pubis)의 세 개의 독립된 뼈가 나중에 유합되어 하나의 Hip bone을 만들게 된다.

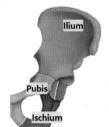

1) Ilium   장골 腸骨   엉덩뼈
2) Ischium   좌골 坐骨   궁둥뼈
3) Pubis   치골 恥骨   두덩뼈

장골(腸骨, Ilium)은 아랫배를 의미하는 라틴어 Ilium에서 유래되었고 소장(Small intestine) 중 회장을 의미하는 Ileum과 어원을 같이하는데 한문으로도 창자 장(腸)을 쓰고 있다.

좌골(坐骨, Ischium)의 Ischium은 hip joint를 의미하는 라틴어 Ischium에서 유래되었다. Ischium의 아래쪽 돌기인 Ischial tuberosity는 엉덩이의 가장 두드러진 부분으로, 보통 탁자 등에 앉을 때 탁자와 딱 만나는 부분으로, '오래 앉아 있었더니 엉덩이가 배긴다.'라는 표현을 쓸 때의 바로 그 부분이다. 그래서 한문으로도 앉을 좌(坐)를 쓰고 있다.

한편 치골(恥骨, Pubis)의 경우 생식기의 체모를 의미하는 라틴어 Pubes에서 유래하였고 사춘기, 성숙기를 의미하는 Puberty와 같은 어원을 가진다. 이때 치골(恥骨)의 한자 恥는 '부끄러울 치'인데, 바로 치골 윗부분에 털이 나오니 부끄럽지 않겠는가?

한편 사명인(사명감에 불타시는 분들)들은 장골(腸骨, Ilium)과 좌골(坐骨, Ischium)이란 이름을 각각 엉덩뼈, 궁둥뼈라 바꿔 놓았는데, 지금 이 글을 읽고 계신 독자분들께 엉덩이와 궁둥이가 다른 말인가 물어보고 싶다. 만일 엉덩이와 궁둥이가 같은 말이라면, 엉덩뼈와 궁둥뼈도 같은 말이란 말인가?

혹자들은 엉덩이의 아랫부분을 궁둥이라 한다고 할 수도 있을 텐데~, 어찌 되었든 조금은 궁색해 보이는 명명법이 틀림없다. 또 치골(恥骨, Pubis)을 두덩뼈라 바꾸어 놓았는데, '두덩?' 왠지 점잖지 못하게 들리는 건 필자뿐일까? 결론적으로 말하자면 안 하느니만 못한 일을 한 결과 단어 수만 또 늘어나게 되었다. (여기 단어 또 추가요!)

[그림 159]에서 골반을 구성하는 다른 뼈들도 잠시 살펴보면 천골(薦骨, Sacrum)의 薦은 '천거할 천(薦)'이라는 점이 흥미롭고 영어 표현인 Sacrum은 Sacred(신성한)와 어원을 같이하므로 Holy bone이라고도 불린다(유사한 예로 신성로마제국은 'Sacrum(신성, 神聖) Romanum Imperium'이라고 불린다).

사명인들은 천골 역시 '엉치뼈'라고 바꿔 놓았는데, 그냥 웃지요? 한편 미골(尾骨)의 영어 이름 Coccyx는 그 생김새가 뻐꾸기(Cuckoo)와 유사하다 하여 이렇게 명명되었다 한다. 더불어 Femur(대퇴골)가 Hip bone에 연결되는 부위를 Acetabulum(비구, 髀臼)라 하는데, 이는 acetum(vinegar)+bulum(vessel for)의 의미로 직역하자면 '식초 그릇'이 된다. 어떻게 눈을 지긋이 감고 옆에서 째려보다 보면 Acetabulum(비구, 髀臼)이 식초 종지로 보이기 시작하는가?

그림 159

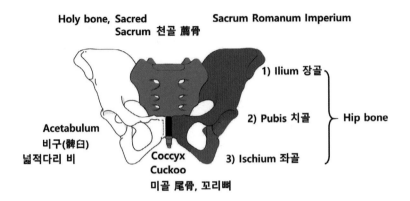

Holy bone, Sacred
Sacrum 천골 薦骨

Sacrum Romanum Imperium

1) Ilium 장골

2) Pubis 치골 } Hip bone

Acetabulum
비구(髀臼)
넓적다리 비

Coccyx
Cuckoo
미골 尾骨, 꼬리뼈

3) Ischium 좌골

골반을 구성하는 여러 뼈들

Chapter IX

설도

농림수산식품부 고시에 따른 대분할 10개 부위 중 설도(泄道), 그중 소분할 39개 부위로 설도는 보섭살, 설깃살, 설깃머리살, 도가니살, 삼각살로 나뉜다.

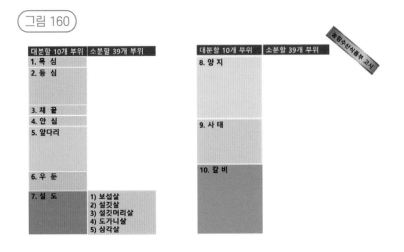

그림 160

농림수산식품부 고시에 따른 정의

• 대분할

– **설도**: 뒷다리의 엉치뼈(관골), 넓적다리뼈(대퇴골)에서 우둔 부위를 제외한 부위이며 중간둔부근(중둔근), 표층둔부근(천둔근), 대퇴두갈래근(대퇴이두근), 대퇴네갈래근(대퇴사두근) 등으로 이루어진 부위로서 인대와 피하지방 및 근간 지방 덩어리를 제거 정형하며 보섭살, 설깃살, 설깃머리살, 도가니살, 삼각살이 포함된다.

우둔과 설도의 구분에 있어서는 이전에 설명한 바 있으므로 [그림 136, 137, 138]을 참조하기 바라며, 설도의 설명에 앞서 이치와 논리에 맞지 않는 농림수산식품부 고시의 몇 가지 문제점을 지적하고자 한다.

먼저 가수 이름 같기도 한 '설도(泄道)'라는 명칭은 국어사전에서도 검색이 되지 않는데(뭐 이쯤 되면 이름을 그냥 막 지었다고 하여야 할까?), 그래도 억지로 그 한자 뜻을 살펴보자면 '똥오줌을 배설하는 통로'라는 뜻을 한자를 써서 좀 더 그럴듯하게 우회적으로 표현한 것으로 생각된다. 泄은 '샐 설'로서 설사(泄瀉), 배설(排泄), 누설(漏泄) 등에서 그 사용을 볼 수 있다.

그림 161

설도(泄道)라는 명칭은 국어사전에서도 검색이 되지 않는다.

a) 네이버 어학사전에서 '설도'라는 한글 단어는 검색되지 않음.

b) 네이버 어학사전에서 '泄道'라는 한자 단어는 검색되지 않고, '샐 설', '길 도'와 같이 낱자 검색만이 이루어짐.

우둔은 愚鈍이 아니라 牛臀이므로 소의 엉덩이로 해석할 수 있고, 설도(泄道)도 위 설명에 따라 배설 통로로 일단은 이해해 보자. 그리고 나서 앞서의 [그림 136, 137, 138]을 살펴보도록 하자.

음~ 그런데 뭔가 이상하지 않은가? 혹시 아직도 이상하지 않은 분이 있다면 [그림 162]에서 좀 더 정확히 설명드리도록 하겠다.

그림 162

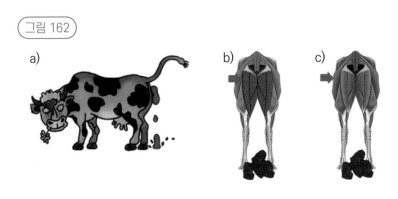

이상한 우둔(牛臀)과 설도(泄道)

a) 모든 동물이 그렇듯이 항문은 엉덩이의 정중앙에 위치한다.

b) 설도(泄道)가 배설물이 나오는 통로라면 분명 내측, 안쪽 중앙의 빨간색 부분이어야 한다(빨간색 화살표).

c) 그러나 농림수산식품부 고시의 정의상 설도(泄道)는 분명 외측, 바깥쪽 녹색 부분을 지칭한다(녹색 화살표).

모든 동물에 있어 항문은 좌우의 정중앙에 위치한다. 안 그런 동물이 있던가? 소 역시 예외일 수는 없다(그림 162-a). 그렇다면 배설물의 통로인 설도(泄道)는 분명 내측, 안쪽 중앙의 빨간색 부분이어야 한다(그림 162-b). 그러나 이 부분이 뭐라고 정의되어 있던가?

바로 우둔(牛臀)이다. 백번 양보해 소의 엉덩이라는 표현으로 받아들인다 치자. 그렇다면 설도(泄道)라고 표현된 그다음 설명은 어떻게 받아들여야 하나? 농림수산식품부 고시의 정의상 설도(泄道)는 분명히 외측, 바깥쪽 녹색 부분을 지칭한다(그림 162-c).

법령의 정의를 그대로 받아들인다면 소는 배설물을 엉덩이의 외측, 바깥쪽으로 배설한다고 말해야 한다(지록위마, 指鹿爲馬). 도대체 어떤 짐승이 똥을 엉덩이의 외측, 바깥쪽으로 눈다는 말인가?

이 법을 만든 분은 똥을 옆으로 외측으로, 바깥쪽으로 누시는 분들일까? 누차 얘기하듯 악법도 법이라지만, 엉터리 법도 법으로 받아들여야 할까? 이제는 정말 화가 난다. 도대체 누가 이런 법을 만들었고, 지난 수십 년간 수차례의 개정을 통하는 동안 도대체 무엇을 고쳤단 말인가? 정말 우둔(愚鈍)한 자가 만든 우둔(牛臀)과 설도(泄道)라 하겠다. 결론적으로 우둔(牛臀)과 설도(泄道)는 그 위치가 뒤바뀌어 있으므로 즉시 바로잡아야 할 것이다.

농림수산식품부 고시의 또 다른 문제점은 일반인들, 또는 대다수 한국 사람이 사용하지 않는 용어를 쓴다는 점인데, 보섭(?), 설깃(?), 설깃머리(?)라는 용어를 과연 우리 국민의 몇 %나 사용하고 있을까? 필자 역시 처음 들어보았는데, 한국 사람이 사용하지 않는 용어로 만들어진 법령은 과연 한국의 법일까? 다른 나라의 법일까? 이외에도 여러 문제점이 있지만, 각각 해당 부분에서 지적하기로 하고 제일 먼저 보섭살에 대하여 살펴보도록 하자.

01 | 보섭살(Sirloin, Rump Round)

그림 163

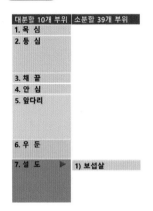

농림수산식품부 고시에 따른 정의

• 소분할

– **보섭살**: 뒷다리의 엉덩이를 이루는 부위로 엉치뼈(관골)를 감싸고 있는 중간둔부근(중둔근), 표층둔부근(천둔근), 깊은둔부근(심둔근) 등으로 이루어져 있으며, 엉치뼈, 넓적다리뼈(대퇴골)를 제거한 뒤 대퇴관절(고관절)에서 엉치뼈의 장골과 좌골면을 기준으로 도가니살과 설깃살을 분리한 후 정형한 것.

앞서 언급한 바와 같이 '보섭'이라는 말을 한국인의 몇 %나 사용하는지 모르겠지만, 더 큰 문제는 이 '보섭'이라는 용어가 사투리라는 점인데, 농림수산식품부 고시에 버젓하게 서술된 용어가 사투리라면 이 나라의 법은 사투리로 만들어진 법이 되어 버린다. 경상도에서는 경상도 사투리로, 전라도에서는 전라도 사투리로 법(法)을 만들어야 하나? 사투리로 법을 만들었고, 이 또한 수십 년 동안 바로 잡지 않았다는 걸 생각하니, 이제 화마저 사라져 버리고 슬퍼지기까지 한다(羽化登仙). '보섭'이란 '보습'의 비표준어인 관계로 당연히 '보습'만이 표준어이다(그림 164-a, b). 그러므로 '보섭살'이란 용어 또한 '보습살'로 바꾸어야 한다(이후에는 '보습살'이란 용어로만 설명토록 하겠다). 그렇다면 과연 '보습'이란 무엇을 말하는가? '보습'이란 쟁기의 끝에 끼워 사용하는 삽 모양의 금속을 말하는데, 그냥 쟁기 삽 또는 쟁기 날 정도로 이해하면 될 듯하다(그림 164-c, 빨간색 화살표).

> 그림 164

a) D|m 한국어   보섭   Q

보섭³
1. '보습'의 비표준어
2. 보습(쟁기의 술바닥에 끼워 땅을 갈아 흙덩이를 일으키는 데에 쓰는 삽 모양의 쇳조각)

b) NAVER 사전 파파고 오픈사전 PRO 참여번역 지식백과

사전홈 영어 국어 한자 일본어 중국어 프랑스어 스페인어 독일어 영영 더보기 N

국어사전   보섭   🔲 ▾ Q   고급 검색

1. 농업 → 보습.
'보습'의 의미로 '보섭'을 쓰는 경우가 있으나 '보습'만 표준어로 삼고, '보섭'은 버린다.

c)

어찌 되었든 농림수산식품부 고시에 따르면 보습살은 천둔근(淺臀筋, Gluteus Superficialis m., 표층둔부근), 중둔근(中臀筋, Gluteus Medius m., 중간둔부근), 심둔근(深臀筋, Gluteus Minimus m., 깊은둔부근) 세 가지로 이루어 졌다고 요약할 수 있겠는데, 이는 사람의 대둔근(大臀筋, Gluteus Maximus m., 큰볼기근), 중둔근(中臀筋, Gluteus Medius m., 중간볼기근), 소둔근(小臀筋, Gluteus Minimus m., 작은볼기근)에 해당하나, 사람과 소에 있어서 그 모양과 기능이 각기 다르다.

그림 165

대둔근(大臀筋)
Gluteus Maximus m.

중둔근(中臀筋)
Gluteus Medius m.

소둔근(小臀筋)
Gluteus Minimus m.

사람의 대둔근(大臀筋, Gluteus Maximus m., 큰볼기근), 중둔근(中臀筋, Gluteus Medius m., 중간볼기근), 소둔근(小臀筋, Gluteus Minimus m., 작은볼기근). 각각 파란색 부위

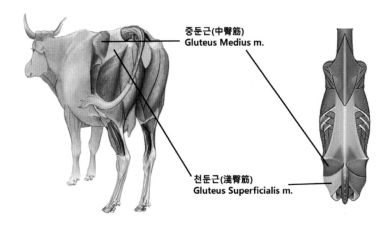

소의 천둔근(淺臀筋, Gluteus Superficialis m., 표층둔부근, 노란색 부위),
중둔근(中臀筋, Gluteus Medius m., 중간둔부근, 녹색 부위), 심둔근(深
臀筋, Gluteus Minimus m., 깊은둔부근, 깊은 층에 있어 보이지 않는다.)

한편 소에 있어서 천둔근(淺臀筋, Gluteus Superficialis m., 표층둔부근)은 그
근섬유가 아래쪽의 대퇴이두근(大腿二頭筋, Biceps Femoris m., 넙다리두갈래
근)과 밀접하게 섞여 있어 그 명확한 구분이 어려운 관계로, 천둔근과 대퇴이
두근을 합하여 Gluteobiceps m.로 통합하여 부르게 된다.

즉, "Gluteobiceps m. = Gluteus Superficialis m. + Biceps Femoris
m."의 관계가 성립한다. 이는 따로 정형 시 설깃머리살(Gluteus Superficialis
m.)과 설깃살(Biceps Femoris m.)이 된다.

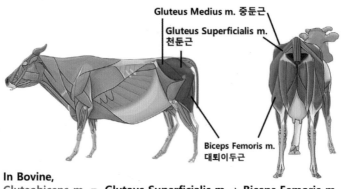

그림 167

Gluteus Medius m. 중둔근
Gluteus Superficialis m.
천둔근

Biceps Femoris m.
대퇴이두근

In Bovine,
Gluteobiceps m. = Gluteus Superficialis m. + Biceps Femoris m.

소의 천둔근(淺臀筋, Gluteus Superficialis m., 표층둔부근, 녹색 윗부분)
과 중둔근(中臀筋, Gluteus Medius m., 중간둔부근, 파란색 부위) 그리
고 설깃머리살(Gluteus Superficialis m., 녹색 윗부분)과 설깃살(Biceps
Femoris m., 녹색 아랫부분), 그리고 Gluteobiceps m.(설깃살+설깃머
리살, 녹색 부위 전체).

  그렇다면 천둔근(淺臀筋, Gluteus Superficialis m., 표층둔부근, 녹색 윗부분)
은 보습살이란 말인가? 아님 설깃머리살이란 말인가? 여기서 또다시 농림수
산식품부 고시의 잘못된 점이 발견되는데, 고시의 정의상 천둔근은 보습살
에 포함된다고 하였으나, 실제로는 설깃머리살에 해당한다. 그러므로 보습
살은 중둔근(中臀筋, Gluteus Medius m., 중간둔부근), 심둔근(深臀筋, Gluteus
Minimus m., 깊은둔부근) 두 가지로 이루어졌다고 정리하는 것이 맞다. 이에
대해서는 설깃머리살 부분에서 좀 더 자세히 살펴보겠다.

02 | 설깃살(Outside round)

그림 168

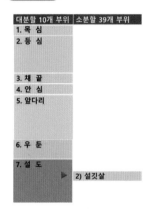
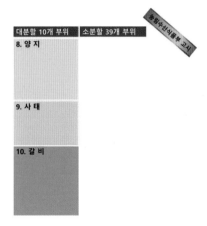

대분할 10개 부위	소분할 39개 부위
1. 목 심	
2. 등 심	
3. 채 끝	
4. 안 심	
5. 앞다리	
6. 우 둔	
7. 설 도	▶ 2) 설깃살

대분할 10개 부위	소분할 39개 부위
8. 양 지	
9. 사 태	
10. 갈 비	

농림수산식품부 고시

농림수산식품부 고시에 따른 정의

• 소분할

 – **설깃살**: 뒷다리의 바깥쪽 넓적다리를 이루는 부위로 대퇴두갈래근(대퇴
 이두근)으로 이루어져 있으며, 대퇴골 부위에서 보섭살, 삼각살 및 도가
 니살을 분리한 후 정형한 것.

 이 설명을 살펴보기 앞서 '설깃살'의 '설깃'이 무엇인지를 알아야 그에 붙
은 살을 이해할 수 있을 텐데, 혹시라도 이 글을 읽고 계신 독자분들에게 물
어보고 싶다. '설깃'이 무엇인지를 아시는 분?

 아마도 대다수가 모를 거라 짐작되는데, 한국 사람에게 한국말을 물어봐도 모른다고 하는 단어를 법령에 사용하는 나라는 한국일까? 외국일까? 왠지 솔깃해진다.

 '설깃'이란 말은 배설 기구(기관)의 의미를 가지는 한자 '泄器(설기)'에서 유래되었다 하는 주장 또한 궁색한 변명으로 들린다. 설상가상으로 농림수산식품부 고시의 내용 중 '뒷다리의 바깥쪽 넓적다리'라는 대목에서 보면, 또다시 이 나라의 소는 배설을 '뒷다리의 바깥쪽 넓적다리'에서 한다고 하니, '도대체 그 집의 소는 똥오줌을 바깥쪽 넓적다리로 눕니까?'라고 물어보고 싶다. 정말 계속되는 허튼소리에 정말 펑펑 울어버리고 싶은 심정이다.

 영어 표현으로도 설깃살을 Outside round(바깥쪽 엉덩이)라고 하는데, 미국의 소들도 바깥쪽 엉덩이로 똥오줌을 눌까? 처음 잘못된 단추를 끝까지 계속 꿰어보려 하니 자꾸 엄(嚴)한 소리가 나오게 되는데, 이 '설기'라는 용어도 하루속히 개정되어야 할 것이다. 우리의 후대들에게는 Revolution이 아닌 Evolution이 될 수 있도록[14] 노력이라도 해 보자!

 엉터리임에도 불구하고 고시에서 설깃살=**대퇴두갈래근**(대퇴이두근)이라 정의 내리고 있으므로 **대퇴두갈래근**(대퇴이두근)을 살펴보면, 우선 **'대퇴두갈래근'**이라는 용어부터가 잘못 적은 것으로, 개정된 새 해부학 용어에 따르면 '넙다리두갈래근'으로 고쳐야 한다.[15] 그래도 온고이지신(溫故而知新)하여 기

---

14) Revolution은 혁명(革命), 개혁(改革)의 의미도 있지만, 회전(回轉, 제자리)이라는 의미도 있다. 인류 역사상 뭐 대단하다던 혁명도 결국은 제자리 회전에 불과한 결과를 가져오지 않았던가?

15) **'대퇴두갈래근'**이라는 용어 자체가 없다. '대퇴이두근' 아니면 '넙다리두갈래근'이라는 용어를 사용해야 한다. 없는 용어로 만든 법은 무엇을 정의한 법일까? 이젠 슬픔이 아니라 짜증이 난다.

존의 용어 대퇴이두근(大腿二頭筋)을 기준으로 살펴보면, 대퇴골에서 머리가 2개인, 즉 두 부분에서 시작되어 하나로 합쳐지는 근육이란 뜻인데, 사람에 있어 대퇴이두근(大腿二頭筋)을 살펴보면 다음과 같다.

그림 169

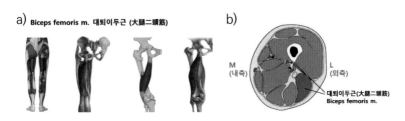

a) Biceps femoris m. 대퇴이두근 (大腿二頭筋)

b)

M
(내측)

L
(외측)

대퇴이두근(大腿二頭筋)
Biceps femoris m.

사람의 대퇴이두근(大腿二頭筋, Biceps femoris m., 넙다리두갈래근)
a) 파란색 부위. 왼쪽 다리를 뒤에서 본 모습.
b) 왼쪽 다리의 단면. 대퇴이두근의 이두(二頭)가 관찰된다.

한편 앞서 설명드린 대로 소에 있어서는 천둔근(淺臀筋, Gluteus Superficialis m., 표층둔부근)은 그 근섬유가 아래쪽의 대퇴이두근(大腿二頭筋, Biceps Femoris m., 넙다리두갈래근)과 밀접하게 섞여 있어 그 명확한 구분이 어려운 관계로, 천둔근과 대퇴이두근을 합하여 Gluteobiceps m.로 통합하여 부르게 된다 하였고, "Gluteobiceps m. = Gluteus Superficialis m. + Biceps Femoris m."의 관계가 성립하며, 이는 따로 정형 시 각각 설깃머리 살(Gluteus Superficialis m.)과 설깃살(Biceps Femoris m.)로 분류됨을 설명한 바 있다.

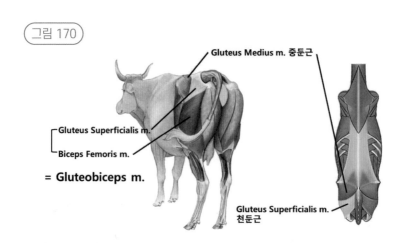

그림 170

Gluteus Medius m. 중둔근

Gluteus Superficialis m.

Biceps Femoris m.

= **Gluteobiceps m.**

Gluteus Superficialis m.
천둔근

소의 설깃살 = 대퇴이두근(大腿二頭筋, Biceps Femoris m.), 파란색 부위

03 | 설깃머리살

그림 171

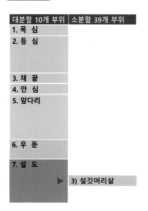

대분할 10개 부위	소분할 39개 부위
1. 목 심	
2. 등 심	
3. 채 끝	
4. 안 심	
5. 앞다리	
6. 우 둔	
7. 설 도	
▶	3) 설깃머리살

대분할 10개 부위	소분할 39개 부위
8. 양 지	
9. 사 태	
10. 갈 비	

농림수산식품부 고시

- 소분할

- **설깃머리살**: 대퇴두갈래근(대퇴이두근)의 상단부(삼각 형태)를 설깃살에서 분리 정형한 것.

분명 이전 농림수산식품부 고시에 따라 설깃살=대퇴두갈래근(대퇴이두근)이라 정의한 바 있는데, 이제는 다시 대퇴이두근의 상단부는 설깃머리살이라 정의하고 있는 상황이다. 이때 대퇴두갈래근(대퇴이두근)의 상단부(삼각 형태)란 '대퇴이두근이라는 근육 자체의 윗부분'을 말하는가? 즉, 대퇴이두근의 일부? 아니면 '대퇴이두근이라는 근육과는 별개의 그 윗부분에 존재하는 다른 근육'을 말하는가? 읽어 보면 볼수록 정말 아리송 정의라는 생각이 든다.

여담으로 필자가 대학 시절 교수님의 엄포와 강압에 못 이겨 독일어로 리포트를 제출한 적이 있었는데(당근 제가 무슨 독일어를 하겠습니까?), 생애 최초로 거의 낙제 수준의 점수 D⁻를 받은 적이 있다.

그때 교수님 왈, "자네가 뭐라고 적었는지 자네도 모르는데, 내가 어떻게 그 내용을 이해하겠나?" 하더라. 법령의 정의가 무슨 근육이라 이름을 특정하지 않고 설깃살의 상단부가 설깃머리살이라니 그걸 어떻게 이해한다는 말인가? 그럼 하단부는 설깃꼬리살이란 말인가? 그래도 어찌어찌 생각하여 만일 '대퇴이두근 자체의 윗부분'이라면 아마도 Biceps Femoris m.의 Long head를 지칭할 가능성이 있으나, Long head만을 따로 분리하여 이용할 하등의 이유가 없다.

한편 수차 언급한 대로 천둔근(淺臀筋, Gluteus Superficialis m., 표층둔부근)은 그 근섬유가 아래쪽의 대퇴이두근(大腿二頭筋, Biceps Femoris m., 넙다리두갈래근)과 밀접하게 섞여 있어 그 명확한 구분이 어려운 관계로

"Gluteobiceps m. = Gluteus Superficialis m. + Biceps Femoris m."
의 관계가 성립하게 되는데, 만일 이를 따로 정형 시 Gluteus Superficialis
m.은 설깃머리살로, Biceps Femoris m.은 설깃살로 나눌 수 있게 된다.
그러므로 설깃머리살은 '대퇴이두근이라는 근육과는 별개의 그 윗부분에 존
재하는 다른 근육', 즉, 천둔근으로 이해함이 맞다.

그림 172

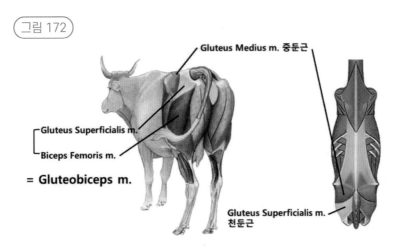

설깃머리살 = 천둔근, 노란색 부위

04 | 도가니살(Knuckle)

그림 173

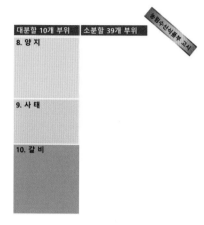

대분할 10개 부위	소분할 39개 부위
1. 목 심	
2. 등 심	
3. 채 끝	
4. 안 심	
5. 앞다리	
6. 우 둔	
7. 설 도	▶ 4) 도가니살

대분할 10개 부위	소분할 39개 부위
8. 양 지	
9. 사 태	
10. 갈 비	

농림수산식품부 고시

농림수산식품부 고시에 따른 정의

• 소분할

– **도가니살**: 뒷다리 무릎뼈(슬개골)에서 시작하여 넓적다리뼈(대퇴골)를 감싸고 있는 근육 부위로 대퇴네갈래근(대퇴사두근)으로 이루어져 있으며, 뒷다리 설도 부위에서 보섭살, 삼각살, 설깃살과 설깃머리살 부위를 분리한 후 정형한 것.

도가니살의 설명에 앞서 우선 몇 가지 용어 정리가 필요한데, 일반적으로 '도가니'라 하면 '광란의 도가니, 흥분의 도가니' 등의 표현에서 보듯 강한 감격과 흥분으로 여러 사람이 열광적으로 환호하는 상태를 말하게 되는데, 당연하게 이는 소고기와는 아무 상관이 없다(열광적으로 환호하는 소고기란 있을 수 없으니까, ㅎ). 그렇다면 아마도 쇠붙이를 녹이는 오목한 그릇인 '도가니(Crucible)'에서 유래되었을 수도 있겠지만, 우선 소고기에서 사용되는 '도가니'의 사전적 의미부터 살펴보면 '소 무릎의 종지뼈와 거기에 붙은 고깃덩이' 등으로 사전적 의미가 검색되는데(그림 174-b), 여기서 '종지뼈'란 소 뒷다리의 '슬개골(膝蓋骨, Patella)'을 의미하는 것으로, '도가니뼈'라고 불리기도 한다. 그렇다면 우선 '도가니뼈=슬개골(膝蓋骨, Patella)=종지뼈'라고 먼저 정리해 놓도록 하겠다(그림 174-c).

그림 174

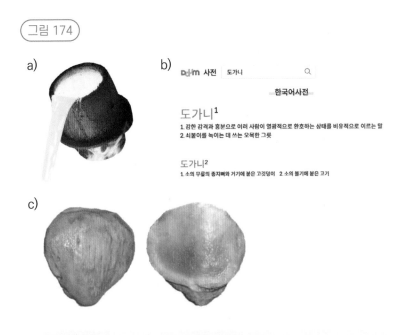

도가니의 의미

a) 쇳물을 녹이는 도가니, b) 도가니의 여러 가지 사전적 의미

c) 도가니뼈라 불리는 슬개골(膝蓋骨, Patella)

이때 이해를 돕고자 무릎의 구조를 찔끔 살펴보면 Upper leg(Femur)와 Lower leg(Tibia & Fibula)는 4개의 인대, 즉 전후방 십자인대(Anterior & Posterior Cruciate Ligament)와 내·외측 측부인대(Medial & Lateral Collateral Ligament)에 의해 안정되게 고정되고, 관절연골(Articular Cartilage)과 반월상연골판(Meniscus) 그리고 이들을 싸고 있는 활액막(Synovial membrane)과 관절낭(Articular capsule)으로 구성되어 있으며, 그 위에 대퇴사두근건(Quadriceps tendon)이 연결된 슬개골(膝蓋骨, Patella)이 얹혀 있는 구조이다.

그림 175

a)

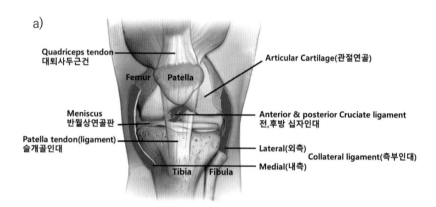

b)

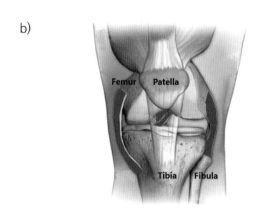

c)

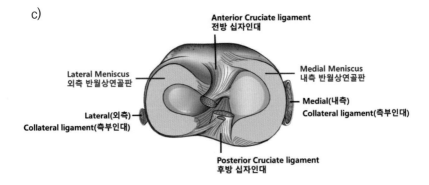

Anterior Cruciate ligament
전방 십자인대

Lateral Meniscus
외측 반월상연골판

Medial Meniscus
내측 반월상연골판

Medial(내측)
Collateral ligament(측부인대)

Lateral(외측)
Collateral ligament(측부인대)

Posterior Cruciate ligament
후방 십자인대

슬관절(膝關節)의 잠깐 이해. 왼쪽 다리를 기준으로 설명함.

a) 슬관절의 기본 구조. Upper leg(Femur)와 Lower leg(Tibia & Fibula)는 4개의 인대로 단단히 고정되며(파란색 부위), 그 위에 대퇴사두근건이 연결된 슬개골이 얹혀 있는 구조이다.

b) 무릎을 단단히 고정하는 4개의 인대, 즉 전·후방십자인대와 내·외측 측부인대만을 파란색으로 표시하였다.

c) 위에서 바라본 모습. 내·외측 반월상연골판이 보인다(파란색 부위).

　앞서 '도가니'의 의미는 '소 무릎의 종지뼈와 거기에 붙은 고깃덩이'라 하였는데, 사실 보다시피 도가니뼈인 슬개골의 주변에는 고깃덩이라 할 만한 근육이 없고, 먹을만한 건 건(腱), 인대(靭帶), 연골(軟骨) 정도이다. 이마저도 질겨서 엄청 고아 대야 먹을 수가 있는데, 이 무릎 부위를 마치 동그란 무릎 보호대처럼 떼어내 정형한 것이 도가니탕에 사용된다. 여기에는 대퇴사두근건(Quadriceps femoris m.의 Tendon)과 그 근육 끝단 일부, Hamstring muscle(Semimembranosus m., Semitendinosus m., Biceps femoris m.)의 Tendon과 그 근육 끝단 일부, 그리고 앞서 언급한 인대들이 포함되는데, 그 양이 한정된 관계로 시중의 도가니탕이나 도가니 수육에는 여기에 사태 부위의 건(腱, Tendon)을 섞기도 한다. 흔히 연골(軟骨)이라 잘못 알려진 도가니 수육은 사실은 여러 건(腱)[16]을 푹 고아서 그 질긴 Collagen fiber가 일부 분해되어 Gelatin화가 이루어진 것이다.

그림 176

도가니탕과 도가니 수육. 일부 근육(고기)도 보이지만 대개는 건(腱, Tendon, 힘줄, 스지)으로 이루어져 있다. 많은 이들이 이를 연골로 생각하고 이 도가니탕과 도가니 수육을 많이 먹으면 내 무릎 아픈 것이 낫거나 여러 관절 질환이 좋아진다고 생각하기도 하거나 피부가 고와진다고 생각들을 하는데, 허~ 그럼 소고기를 자주 먹으면 내 얼굴이 소 얼굴처럼 변하려나? 뿔도 나오고, 꼬리도 생기고? ㅎㅎ

다시 본론으로 돌아와 농림수산식품부 고시에 따른 정의를 다시 살펴보면 '도가니살이란 뒷다리 무릎뼈(슬개골)에서 시작하여 넓적다리뼈(대퇴골)를 감싸고 있는 근육 부위로 **대퇴네갈래근**(대퇴사두근)으로 이루어져 있으며' 대목에서 '도가니살 = **대퇴네갈래근**(대퇴사두근)'라고 정의 내림을 알 수 있다.

---

16) 흔히 시중에서는 '힘줄', '스지'라 한다.

그러나 이때 이러한 정의의 몇 가지 잘못된 점을 지적하지 않을 수 없는데, 제일 먼저 대퇴사두근의 명칭은 훌륭하신 분들에 의해 그 이름이 '넙다리네 갈래근'으로 바뀌었지 '대퇴네갈래근'으로 바뀐 것이 아니다. 즉, **'대퇴네갈래근'**이라는 명칭은 어디에도 없는 이름인 것이다. 또다시 없는 용어로 법을 정의한 것이다. 법령에 사투리도 쓰더니(보섭살), 또다시 엉터리 명칭을 사용하고 있음을 알 수 있다.

두 번째로 대퇴사두근은 그 기시점(Origin)이 무릎뼈(슬개골)가 아니며 장골(Ilium)과 대퇴골(Femur)에서 시작된다. 즉, 이는 곳(Origin)과 닿는 곳(Insertion)을 거꾸로 설명하고 있다.

세 번째로 대퇴사두근의 건(腱, Tendon)이 도가니뼈인 조그만 슬개골(膝蓋骨, Patella)을 지나가서 닿기는 하지만, 슬개골의 위, 즉 무릎 위(Upper leg)에 있는 이 크고 강대한 근육 전체를 도가니살이라 정의를 해버렸다는 점이다. 이렇게 되면 도가니탕에 들어가는 고기는 도가니살인 대퇴사두근이란 말인가? 도가니 수육도 대퇴사두근으로 만들고? 이렇게 대퇴사두근을 도가니살로 정의해 버림으로써 도가니와 도가니살과 도가니 뼈와 도가니탕과 도가니 수육에 있어, 여러 불필요한 혼돈이 만들어지게 된다(혼란의 도가니?).

도대체 무엇을 정의한 건지, 이렇게 생각 없이 정의된 법을 무념무상법(無念無想法)이라 해야 할까? 아니면 혼란의 도가니법이라 해야 할까?

자, 어찌 되었든 도가니살이라 잘못 이름 붙여진 대퇴사두근에 대하여 이제 본격적으로 살펴보도록 하자.

대퇴사두근(大腿四頭筋, Quadriceps femoris m.)이란 '머리(頭, Ceps)가 4개인(四, Quadri) 근육'이란 뜻인데 4개의 다른 근육이 각기 다른 데서 시작되므로 이렇게 명명된 것이다(그림 177).

그림 177

대퇴 사두근 大腿四頭筋
Quadriceps femoris m.

대퇴사두근(大腿四頭筋, Quadriceps femoris m.). 파란색 부위, 왼쪽 다리 기준

대퇴사두근(大腿四頭筋, Quadriceps femoris m.)을 구성하는 4개의 근육을 정리하여 보면 가장 위쪽의 대퇴직근(大腿直筋, Rectus femoris m., 넙다리곧은근)과 그 아랫부분에 내측에서부터 내측광근(內側廣筋, Vastus medialis m., 안쪽넓은근), 중간광근(中間廣筋, Vastus intermedius m., 중간넓은근), 외측광근(外側広筋, Vastus lateralis m., 가쪽넓은근)으로 구분할 수 있다(그림178, 179).

그림 178

Quadriceps femoris m.

4-headed muscle
consists of 4 individual m.

1) Rectus femoris m.   대퇴직근(大腿直筋)   넙다리곧은근

2) Vastus medialis m.   내측광근(內側廣筋)   안쪽넓은근

3) Vastus intermedius m.   중간광근(中間廣筋)   중간넓은근

4) Vastus lateralis m.   외측광근(外側広筋)   가쪽넓은근

1) Rectus femoris m.	2) Vastus medialis m.	3) Vastus intermedius m.	4) Vastus lateralis m.

대퇴사두근(大腿四頭筋, Quadriceps femoris m.)을 구성하는 4개의 근육. 파란색 부위, 왼쪽 다리 기준

그림 179

표면에서 살펴본 도가니살인 대퇴사두근(大腿四頭筋, Quadriceps femoris m.).

① 대퇴직근(大腿直筋, Rectus femoris m., 넙다리곧은근)

② 내측광근(內側廣筋, Vastus medialis m., 안쪽넓은근)

③ 외측광근(外側広筋, Vastus lateralis m., 가쪽넓은근)

중간광근(中間廣筋, Vastus intermedius m., 중간넓은근)은 대퇴직근(大腿直筋, Rectus femoris m., 넙다리곧은근)에 가려 보이지 않는다. 파란색 화살표는 도가니 뼈인 슬개골(膝蓋骨, Patella)이다.

[그림 179]에서도 살펴보면 도가니 뼈는 무릎에 있는데(파란색 화살표) 무릎의 윗부분인 ①~③ 전체를 도가니살이라 한다는 것이 조금 이상하지 아니한가? 도가니 뼈가 있는 무릎 부분만을 도가니살이라 해야 맞을 텐데, 무릎 위에 있는 근육 전체를 도가니살이라 하니……. 그럼 도가니탕, 도가니 수육은 도대체 어느 부위를 끓이라는 걸까? 무릎을 끓이라는 건가? 아님 무릎 위의 대퇴사두근을 끓이라는 건가?

이에 더해 이전 설명한 쇠붙이를 녹이는 그릇과 소의 도가니가 무슨 관련이 있다는 건가? 혹자는 '독 안에 든 쥐'에서 '독 안에'가 '도가니'가 되었다는 궁색한 변명까지(왜 애꿎은 쥐까지 들먹이는지?). 정말 무리수가 아닐 수 없다.

필자가 마흔을 넘길 때까지 그 많은 수학 문제를 풀어 왔음에도 불구하고 '유리수'와 '무리수'의 진짜 의미를 알지 못했는데, 어느 날 '유리수'와 '무리수'의 영문과 한자 표기를 보고서 내 '도가니'를 탁 치면서 깨달은 바가 있었다. 바로 '유리수(有理數, Rational number, 이치에 맞는)'와 '무리수(無理數, Irrational number, 이치에 맞지 않는)'라는 점이다. 사실 그전에는 유리(琉璃, Glass)를 떠올리기도 했으니까.

어찌 되었든 도가니와 도가니살의 작명 역시 무리(無理, Irrational)한 명명이 아니었을까?

한편 대퇴사두근(大腿四頭筋, Quadriceps femoris m.)의 단면을 살펴보면 Upper leg의 전면부를 가득 채우는 장대한 근육임을 알 수 있다. 이름에서 보듯 Vastus의 의미는 영어의 Vast에 해당하므로 '광대한, 거대한'의 의미를 갖고 있다(그림 180).

그림 180

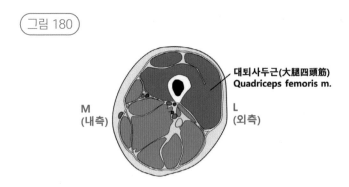

사람의 대퇴사두근(大腿四頭筋, Quadriceps femoris m.)의 단면. 파란색 부위, 왼쪽 다리 기준

그러나 소의 Upper leg는 그 몸집에 비하여 숏다리이면서도 안쪽에 위치한 관계로, 겉으로는 크게 두드러지지 않는다(그림 181).

그림 181

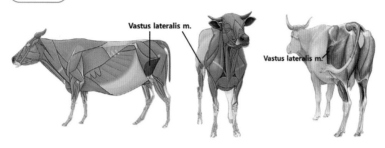

소의 대퇴사두근(大腿四頭筋, Quadriceps femoris m.)

소의 경우 표면에서는 대퇴사두근(大腿四頭筋, Quadriceps femoris m.) 중 외측광근(外側広筋, Vastus lateralis m. 가쪽넓은근) 정도만이 구분된다.

05 │ 삼각살(Tensor fasciae latae m.)

그림 182

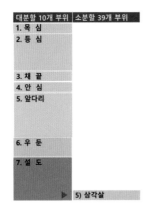
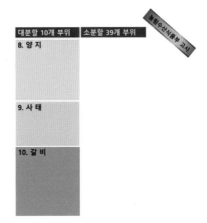

농림수산식품부 고시에 따른 정의

• 소분할

– **삼각살**: 뒷다리의 바깥쪽 엉덩이 부위로 대퇴근막긴장근(대퇴근막장근)
으로 이루어져 있으며, 보섭살과 도가니살에서 분리한 후 정형한 것.

결국 '삼각살 = 대퇴근막긴장근(대퇴근막장근)'이란 얘기인데, 그렇다면 대
퇴근막긴장근(대퇴근막장근)이란 무엇일까? 왠지 긴장이 되기도 하는데, 이름
이 길기도 하면서 다소 괴이(Bizarre)하기도 하다.

대퇴근막긴장근(대퇴근막장근)이란 大腿筋膜緊張筋(大腿筋膜張筋)으로
Tensor fasciae latae muscle을 의미하는데, 반드시 철자에 주의하기 바

란다. 흔하게 Tensor fascia lata muscle이라고 적는 실수를 범하는데 분명히 이는 틀린 철자이며, 고유명사인 관계로 ~e가 꼭 붙은 Tensor fasciae latae muscle이라고 적어야 한다(이에 대해서는 뒤에 설명한다).

좀 더 자세히 대퇴근막긴장근(大腿筋膜緊張筋, Tensor fasciae latae m.)을 살펴보면 마치 쌍권총을 찬 듯한 모양으로 위치하고 있는데, 근육 자체는 윗부분에 조그마하게 위치하나 아래쪽으로 기다란 건을 이루면서 장경인대(腸脛韌帶, Iliotibial tract)의 일부를 이루게 된다(그림 183, 184).

그림 183

대퇴근막긴장근(大腿筋膜緊張筋, Tensor fasciae latae m.)
파란색 표시 부위, 왼쪽 다리 기준

그림 184

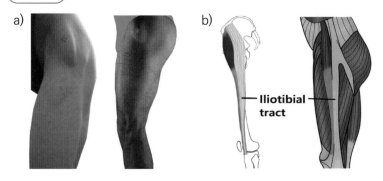

a)

b)

Iliotibial tract

대퇴근막긴장근(大腿筋膜緊張筋, Tensor fasciae latae m.)과 장경인대 (腸脛靭帶, Iliotibial tract). 왼쪽 다리 기준.

a) 표면에서 살펴본 대퇴근막긴장근(大腿筋膜緊張筋, Tensor fasciae latae m.), 빨간색 별표

b) 장경인대(腸脛靭帶, Iliotibial tract)의 일부를 이루는 대퇴근막긴장근 (大腿筋膜緊張筋, Tensor fasciae latae m.)의 기다란 건(腱, tendon). 파란색 표시

한편 대퇴근막긴장근(大腿筋膜緊張筋, Tensor fasciae latae m.)의 한자 풀이를 해 보면 '대퇴근막을 긴장시키는 근육'이라는 뜻인데, 대퇴근막이란 Fascia lata로서 Upper leg를 감싸는 매우 강하고 질긴 '깊은 근막(Deep Fascia)'인데, 마치 다리에 고탄력 스타킹을 착용한 것처럼 근육을 압박하여, 근육이 수축할 때 밖으로 튀어나오는 것을 막고 효과적으로 정맥을 압박하여 정맥혈의 심장으로의 순환을 도와주는 역할을 한다. 특히 그 외측(Lateral)에는 대퇴근막긴장근과 대둔근의 건이 융합되어 질기고 두꺼운 기다란 섬유 띠 형태의 장경인대(Iliotibial tract)를 형성하게 된다(그림 185).

그림 185

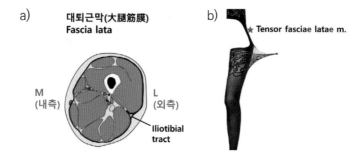

a) 대퇴근막(大腿筋膜)
Fascia lata

M
(내측)

L
(외측)

Iliotibial
tract

b) ★ Tensor fasciae latae m.

대퇴근막(大腿筋膜, Fascia lata)

a) 왼쪽 다리의 단면. 대퇴근막(大腿筋膜, Fascia lata, 바깥쪽 검은색 테
 두리)과 장경인대(腸脛靭帶, Iliotibial tract)

b) 검은색 스타킹을 대퇴근막(大腿筋膜, Fascia lata)으로 본다면, 위의
 밴드 부위는 대퇴근막긴장근(大腿筋膜緊張筋, Tensor fasciae latae
 m.)에 해당한다. 빨간색 별표

　소에 있어 대퇴근막긴장근(大腿筋膜緊張筋, Tensor fasciae latae m.), 즉 삼
각살을 표시하여 보면 다음과 같다.

그림 186

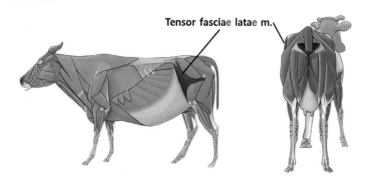

Tensor fasciae latae m.

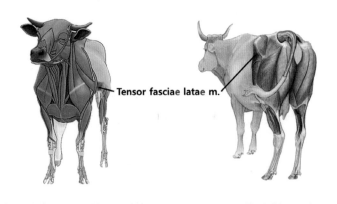

소의 대퇴근막긴장근(大腿筋膜緊張筋, Tensor fasciae latae m.), 즉 삼각살

이렇게 하여 대퇴근막긴장근(大腿筋膜緊張筋, Tensor fasciae latae m.) 즉, 삼각살에 대한 개념을 잡았으므로, 이제는 앞서 언급한 Tensor fasciae latae muscle의 철자와 그 의미에 대하여 살펴보도록 하겠다. 먼저 대퇴근막(大腿筋膜)이 Fascia lata이므로 대퇴근막긴장근(大腿筋膜緊張筋)은 흔하게 'Tensor fascia lata muscle'이라고 적어야 할 것 같고, 사실 너무나도 많은 문헌 등에서도 이렇게 흔하게 잘못 적고 있으나, 이는 분명히 틀린 철자이며, 고유명사인 관계로 ~e가 꼭 붙은 'Tensor fasciae latae muscle'이라고 적어야 한다.

두 번째로 대퇴근막(大腿筋膜)의 'Fascia lata'에서 'lata'의 원형은 'latus'로, 의미는 'broad, wide'를 뜻하며, 'latus'의 최상급은 'latissimuss'로, 활배근의 영문명 'Latissimuss dorsi m.'에서 이미 설명한 바 있다. 그러므로 'Fascia lata'를 직역한다면 '대퇴근막'이라기보다는 '넓은 근막'이라는 뜻이 된다. 그러나 대퇴근막긴장근(大腿筋膜緊張筋, Tensor fasciae latae m.)에서 'latae'를 'lata'의 복수형으로 이해하고 'fasciae latae'를 'fascia lata'

와 동일시하여 '넓은 근막', 즉 '대퇴근막'을 긴장하는 근육으로 이해하는 경우가 대다수인데, 번역된 한글과 한자 용어 역시 이런 의미를 갖고 있음을 알 수 있다. 그러나 'latus'의 어원을 분석하여 보면 'broad, wide'뿐만 아니라 'side, flank'의 의미도 갖고 있음을 알게 되는데, 그렇다면 대퇴근막긴장근(大腿筋膜緊張筋, Tensor fasciae latae m.)에서 'latae'를 '① 넓은(broad, wide)'의 의미로 보아야 할 것인가, 아니면 '② 옆(side, flank)'의 의미로 보아야 할 것인가에 대한 의문이 남는다.

①의 의미로 본다면 '넓은 근막' 또는 '대퇴근막'으로 이해하여 기존의 대퇴근막긴장근(大腿筋膜緊張筋)의 번역이 타당하나, 만일 ②의 '옆'의 의미로 해석한다면 측면근막긴장근(側面筋膜緊張筋) 등으로 기존의 번역이 완전히 바뀌어야 한다(그림 187-a).

그 어느 경우나 나름 의미는 통하는 관계로 그 선택이 쉽지 않으나, 필자의 견해로는 ②의 의미로 해석하여 측면근막긴장근(側面筋膜緊張筋) 등으로 명칭을 변경하는 것이 바람직하리라 판단되는데, 이에 대한 근거를 첨부하여 보면 아래 그림과 같다(그림 187-b).

그림 187

a)

Etymology 2 [edit]

Adjective [edit]

lātus (*feminine* **lāta**, *neuter* **lātum**, *comparative* **lātior**, *superlative* **lātissimus**, *adverb* **lātē**);

1. wide, broad
2. spacious, extensive [quotations ▼] [synonyms ▲]

Etymology 3 [edit]

Noun [edit]

latus *n* (*genitive* **lateris**); *third declension*

1. (*military*) side, flank [synonym ▲]
   Synonym: cornu
2. side (e.g., of a shape) [quotations ▼]

b) ≡ 🌐 **WIKIPEDIA**
The Free Encyclopedia   🔍 Search Wikipedia

Tensor fasciae latae muscle

Etymology [edit]

"Tensor fasciae latae" translates from Latin to English as "stretcher of the side band". "Tensor" is an agent noun that comes from the past participle stem "tens-" of the Latin verb "tendere", meaning "to stretch".[6] "Fasciae" is the Latin term for "of the band" and is in the singular genitive case. "Latae" is the respective singular, genitive, feminine form of the Latin adjective "latus" meaning "side".[7][8]

References [edit]

7. ^ "Tensor fasciae latae - Structure Detail" ⧉. Anatomyexpert.com. Retrieved 2015-05-31.
8. ^ "Latin Noun Declensions" ⧉. Sacredbible.org. Retrieved 2015-05-31.

a) 'latus'의 여러 어원

b) Tensor fasciae latae muscle의 'latae'의 의미를 'side'로 이해하는 근거

Hamstring muscle(햄스트링 근육, 슬와부근(膝窩部筋))에 관하여

'Hamstring = ham(햄) + string(끈, 줄)'의 구조이므로 '끈 달린 햄(?)'으로 번역한다면 너무 억지가 돼 버린다(ㅠㅠ).

그렇다면 햄이란 뭘까? 먹는 거냐고? 물론 우리가 즐겨 먹는 햄 통조림도 햄에 속하지만, 넓은 의미에서 Ham(햄)이란 '슬관절의 뒷부분', 즉 슬와부(膝窩部, Popliteal space) 또는 '육류의 허벅지(Thigh)와 엉덩이(Buttock) 부위' 또는 '허벅지(Thigh)의 뒤편'을 의미하는 용어이다.

그러므로 'Hamstring muscle(햄스트링 근육)'을 다시 해석해 보면 허벅지의 뒷면과 슬와부에서 끈처럼 보이는 근육이라는 뜻이 되겠는데, [그림 188]에서 확인해 보고 또 직접 자신의 'Hamstring muscle(햄스트링 근육)'을 한 번씩 만져보도록 하자. 운동선수들이 가장 자주 손상되는 근육이기도 한데, 이 'Hamstring muscle(햄스트링 근육)'을 만드는 근육은 설깃살인 대퇴이두근(大腿二頭筋, Biceps Femoris m., 넙다리두갈래근)이 외측 string을, 홍두깨살인 반건양근(半腱樣筋, Semitendinosus m.)과 우둔살인 반막양근(半膜樣筋, Semimembranosus m.)이 내측 string을 만들게 된다.

그림 188

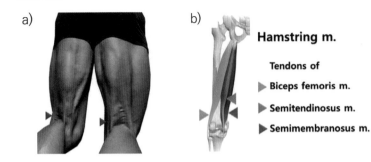

a) 표면에서 보이는 Hamstring muscle(햄스트링 근육)과 그
   tendon(빨간색 삼각형)
b) Hamstring muscle(햄스트링 근육)을 구성하는 3가지 근육. 설깃살
   인 대퇴이두근(노란색)이 외측 string을 만들고, 홍두깨살인 반건양
   근(녹색)과 우둔살인 반막양근(파란색)이 내측 string을 만들게 된
   다. 왼쪽 다리 뒤편 기준

 사람에 있어 Hamstring은 슬와부에서 두 갈래로 갈라져서 나타나나, 사
지동물에 있어서는 꽉 눌린 것처럼 뒷다리가 넓적한 관계로 하나로 합쳐져서
무릎 뒤를 지나는 하나의 큰 Tendon으로 관찰된다.

 한편 'Hamstringing'이라는 표현이 있는데 이는 포획한 적군의 말이나 또
는 포로에게 이 Hamstring muscle(햄스트링 근육)이나 Tendon을 인위적으
로 절단하여 말이나 포로를 무용지물로 만들어 버리는 행위인데, 생명에는
지장이 없으나 걷지 못하게 하거나 절름발이를 만들어 버림으로써 적을 무력
화시키는 방법으로 사용되었다.

넓적다리에 대한 유감

우리말에서는 Upper leg를 흔하게 '넓적다리', '대퇴(大腿)'라고 부르게 되는데, 필자의 경우 사람의 다리를 아무리 쳐다보아도 넓적하다고 느껴지지 않는다. 이는 나만의 느낌일까? 내가 이상한 걸까? 특히 여성의 다리를 보거나 단면으로 다리를 보게 되면 이건 분명 동그라미에 가깝지 절대 넓적하지 않다(그림 189). 넓적하지 않은 것을 자꾸 넓적하다고 우기는 건, 신호등의 초록(Green) 불을 끝까지 파란(Blue) 불이라 우기는 것과 같지 않을까?

그림 189

a)  b)  c)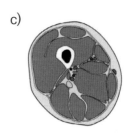

넓적다리? No! 동그란 다리!

a) 남성의 Upper leg

b) 여성의 Upper leg. 넓적하기보다는 원형에 가깝다.

c) Upper leg의 단면. 누가 이 다리를 넓적하다 했는가?

그렇다면 넓적하지 않은데도 불구하고 넓적다리라고 불리는 이유가 있지 않을까? ㅎ. 그렇다. 사람과 달리 짐승들은 마치 양옆에서 꽉 누른 것처럼 좁은 어깨와 몸통을 가지게 된다고 이 글의 서두에서 설명한 바 있다. 이와 마찬가지로 짐승들의 다리 역시 양옆에서 꽉 누른 것처럼, 사람의 동그란 다리에 비해 정말로 납작한 다리, 즉 넓적다리가 만들어지게 된다(그림 190, 191).

그림 190

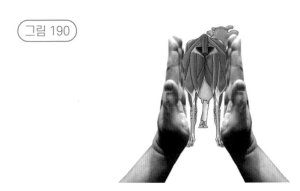

사람과 달리 짐승들은 마치 양옆에서 꽉 누른 것처럼 좁은 어깨와 몸통을 가지게 된다.

그림 191

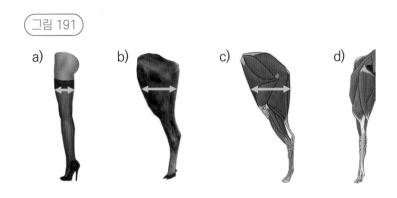

a) 사람의 동그란 다리에 비교해 보면, b), c), d) 짐승들의 뒷다리는 정말로 납작한 넓적다리임을 알 수 있다.

자, 그러므로 짐승에 있어 Upper leg는 넓적다리라 부름이 맞는 말이지만, 사람에 있어서 Upper leg는 동그란 다리, 원형 다리, 타원형 다리라 불러야 할 것이다. 그러나 훌륭하신 분들께서 그나마 잘못된 용어인 '넓적다리'를 '넙다리'로 개칭해 놓으셨는데, '넙치'도 아니고, '넙죽'도 아니고, 넓적하지도 않은 사람 다리를 억지로 넙다리로 만드는 그 자신감은 도대체 어디서 오는 것일까? 아마도 그분들의 눈이 넓적한 것 아닐까? 늦었지만 이제라도 '동글다리'로 개명해 주시길…… 아으 동동다리~~~

양지

(Brisket, Plate, Flank)

농림수산식품부 고시에 따른 대분할 10개 부위 중 양지, 그중 소분할 39개 부위로, 양지는 양지머리, 차돌박이, 업진살, 업진안살, 치마양지, 치마살, 앞치마살로 나뉜다.

그림 192

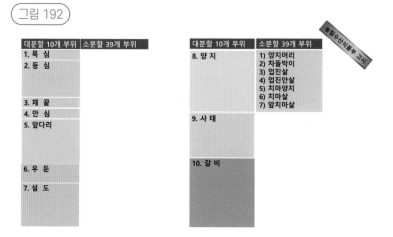

농림수산식품부 고시에 따른 정의

• 대분할

- **양지**: 뒷다리 하퇴부의 뒷무릎(후슬) 부위에 있는 겸부의 지방 덩어리에서 몸통피부근(동피근)과 배곧은근(복직근)의 얇은 막을 따라 뒷다리 대퇴근막긴장근(대퇴근막장근)과 분리하고, 복부의 배바깥경사근(외복사근)과 배가로근(복횡근)을 후사분체에서 분리하여 치마양지 부위를 분리한다. 전사분체에서 늑연골, 칼돌기연골(검상연골), 가슴뼈(흉골)를 따라 깊은흉근(심흉근), 얕은흉근(천흉근)을 절개하여 갈비 부위와 분리하고, 바깥쪽 경정맥을 따라 쇄골머리근(쇄골두근), 흉골유돌근을 포함하도록 절단하여 목심 부위와 분리시켜 지방 덩어리를 제거 정형하여 생산하며

양지머리, 차돌박이, 업진살, 업진안살과 채끝 부위에 연접되어 분리된 복부의 치마양지, 치마살, 앞치마살이 포함된다.

항상 법령이라는 게 그렇지만 읽으면 읽을수록 뭔 말인지 아득해지기만 하는데, 아주 간단하게 "양지는 뭐?"라는 질문에 답을 해보자면 '양지란 가슴과 배'라고 답하면 된다(양지 = 가슴 + 배). 가슴과 배에 있는 근육, 고기를 이렇게 복잡하게 서술해 놓은 것인데, 사실 '양지'라는 단어는 한자 같아 보이지만 한자가 아닌 순수 우리말이다. 영어로는 Brisket, Plate, Flank로 나뉘는데, 'Brisket'은 윗양지, 즉 가슴에 해당하며, 'Plate'는 아래양지, 즉 윗배에 해당하고 'Flank'는 치마양지, 즉 아랫배와 옆구리에 해당한다 하겠다.

그림 193

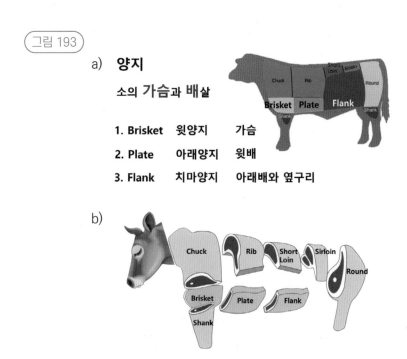

a) **양지**

소의 **가슴과 배살**

1. Brisket   윗양지   가슴
2. Plate   아래양지   윗배
3. Flank   치마양지   아래배와 옆구리

b)

양지는 Brisket(윗양지), Plate(아래양지), Flank(치마양지)로 나뉜다.

Brisket(윗양지)는 양지머리(Brisket flat)와 차돌박이(Brisket point)로 나뉘며, Plate(아래양지)는 업진안살(Inside skirt)과 업진살(Short plate)로, Flank(치마양지)는 치마살(Internal flank plate)과 앞치마살(Flank steak)로 나뉜다(그림 194).

그림 194

머리쪽	Brisket	Plate	Flank	꼬리쪽
			치마양지 Thin flank	
	양지머리 Brisket flat Deep Pectoral m.	업진안살 Inside skirt Transversus abdominis m.	치마살 Internal flank plate Internal oblique abdominis m.	
	차돌박이 Brisket point Superficial Pectoral m.	업진살 Short plate Rectus abdominis m.	앞치마살 Flank steak Rectus abdominis m.	

양지의 대략적인 위치와 분류, 그리고 해당 근육을 표시하였다.

한편 양지에 해당하는 근육을 대략적으로 사람에 대칭시켜 보면 [그림 195]와 같다.

그림 195

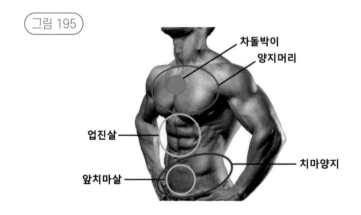

208

소의 양지에 해당하는 사람의 근육.

엎진안살(Transversus abdominis m.)과 치마살(Internal oblique abdominis m.)은 내부에 위치하여 보이지 않는다.

01 | 양지머리(Brisket Flat)와 차돌박이(Brisket point, Brisket deckle)

그림 196

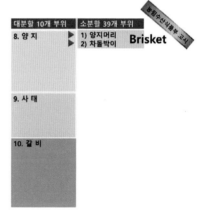

농림수산식품부 고시에 따른 정의

- 소분할

- **양지머리**(Brisket Flat): 제1목뼈(경추)에서 제7갈비뼈(늑골) 사이의 양지 부위 근육들로 차돌박이 주변 근육을 포함하며, 목심과 갈비 부위에서

분리한 후 정형한 것.

- **차돌박이**(Brisket point, Brisket deckle): 제1갈비뼈(늑골)에서 제7갈비
뼈 하단부의 희고 단단한 지방을 포함한 근육 부위로 폭을 15㎝ 정도로
하여 양지머리에서 분리한 후 정형한 것.

이 법령이 항상 그렇듯이 이렇게 애매하고 모호하게 정의를 하게 되면, 도대
체 소의 어느 부위, 어느 근육을 말하는 건지 알 수가 없게 되는데⋯⋯ ㅠㅠ
필자가 다시 정의를 내려보면 '양지머리(Brisket Flat)란 소의 Deep
Pectoral m.(심흉근, 深胸筋, 깊은흉근, 깊은가슴근)을, 차돌박이(Brisket point,
Brisket deckle)란 소의 Superficial Pectoral m.(천흉근, 淺胸筋, 얕은흉근, 얕
은가슴근)을 가리키는 부분이다.'라고 정리할 수 있다(A란 이 근육, B란 저 근육.
이런 식으로 정리하면 될 것을).

누차 강조하지만 소의 가슴은 사람에 비해 상당히 좁은 관계로(속 좁은 소?),
이 양지머리와 차돌박이가 정확히 사람과 일치하지는 않지만, 굳이 사람에
해당하는 부위를 찾자면 사람 가슴의 대흉근에 해당하는 근육으로 대흉근의
흉골 위 정가운데 부분이 차돌박이에, 대흉근의 나머지 부분이 양지머리에
해당한다 하겠다(그림 197).

그림 197

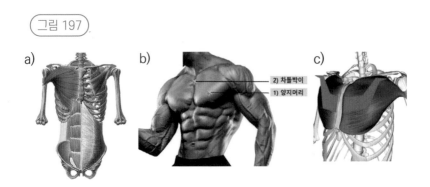

a)

b)
2) 차돌박이
1) 양지머리

c)

소의 차돌박이와 양지머리에 해당하는 사람의 대흉근

a) 사람의 가슴 근육은 크게 대흉근(大胸筋, Pectoralis major m., 파란색 부위)과 그 아래 소흉근(小胸筋, Pectoralis minor m., 녹색 부위)으로 나뉜다.

b) 소의 가슴 근육과 정확히 일치하지 않으나 굳이 비교한다면 흉골 윗부분의 대흉근을 차돌박이, 나머지 옆 부분의 대흉근을 양지머리라고 할 수 있겠다.

c) 필자 세대들의 어릴 적 꿈(?)

한편 소의 가슴 근육은 사람과 달리 크게 ① Superficial Pectoral m.(천흉근, 淺胸筋, 얕은흉근, 얕은가슴근) = 차돌박이(Brisket point, Brisket deckle), ② Deep Pectoral m.(심흉근, 深胸筋, 깊은흉근, 깊은가슴근) = 양지머리(Brisket Flat)로 구분된다.

그림 198

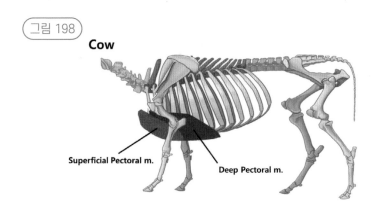

Cow

Superficial Pectoral m.

Deep Pectoral m.

이때 Superficial Pectoral m.은 근육 주행 방향에 따라 Descending Pectoral m.과 Transverse Pectoral m.로 나뉘며, Deep Pectoral m.은 근육이 상방으로 주행하므로 Ascending pectoral m.이라고도 불린다.

그림 199

a)

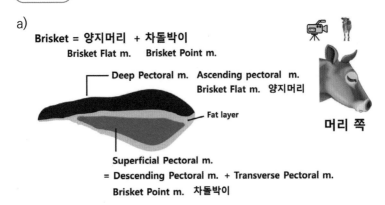

Brisket = 양지머리 + 차돌박이
Brisket Flat m.   Brisket Point m.

Deep Pectoral m. Ascending pectoral m.
                  Brisket Flat m. 양지머리

Fat layer

머리 쪽

Superficial Pectoral m.
= Descending Pectoral m. + Transverse Pectoral m.
Brisket Point m. 차돌박이

b)   c)

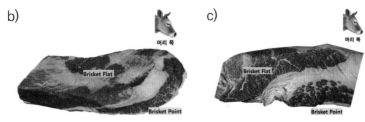

차돌박이와 양지머리. 소의 이분도체에서 왼쪽 가슴을 내측에서 바라본 모습(카메라 앵글에 유의할 것)

a) 천층(피부 쪽) 근육인 차돌박이(Brisket point, Brisket deckle, Superficial Pectoral m. = Descending Pectoral m. + Transverse Pectoral m.)는 지방층에 의해 심부 근육인 양지머리(Brisket Flat, Deep Pectoral m., Ascending pectoral m.)와 구분된다.

b) 차돌박이와 양지머리

c) 차돌박이와 양지머리의 확대된 모습. 차돌박이의 특징적인 근섬유와 지방 모습이 관찰된다.

한편 많은 용어가 사용되어 조금 헷갈릴 수도 있는 관계로, 이들을 정리해 보도록 하겠다.

1) Brisket

= **차돌박이**(Brisket point, Brisket deckle) + **양지머리**(Brisket Flat)

보충 설명: 사람의 대흉근(大胸筋, Pectoralis major m.)에 해당하는 Brisket
은 차돌박이(Brisket point, Brisket deckle) + 양지머리(Brisket Flat)로 구분되
는데, 차돌박이는 붉은색 근섬유 사이사이에 하얀 지방이 촘촘히 박힌 모습
이 마치 하얀 차돌이 촘촘히 박힌 모습과 비슷하다는 뜻에서 이름 지어졌다
한다. 유사하게 영어로도 Point(점), Deckle(Rough edge)로 표현된다. 반면
양지머리는 차돌박이보다 심부에 넓은 판처럼 받치고 있는 근육으로 영어로
도 Flat(평면)으로 표현된다.

2) 차돌박이

= **Brisket point = Brisket deckle =Superficial Pectoral m.**(Pectoralis
Superficialis m.) = **Descending Pectoral m. + Transverse Pectoral m.**

보충 설명: 차돌박이(Brisket point, Brisket deckle)은 양지머리보다 피부
쪽에, 즉 천층에 위치하므로 Superficial Pectoral m.(라틴어식 표현으로는
Pectoralis Superficialis m.)이라고도 불리는데, 이는 또다시 근섬유의 주행
방향에 따라 Descending Pectoral m.과 Transverse Pectoral m. 2개로
구분된다.

3) 양지머리

= **Brisket Flat = Deep Pectoral m.**(Pectoralis Profundus m.) =
Ascending pectoral m.(Pectoralis Ascendens m.)

보충 설명: 양지머리(Brisket Flat)는 차돌박이보다 깊이 위치하므로 Deep
Pectoral m.(라틴어식 표현으로는 Pectoralis Profundus m.)이라고 불리며, 근
섬유의 주행 방향이 위쪽을 향하므로 Ascending pectoral m.(라틴어식 표현

으로는 Pectoralis Ascendens m.)이라고도 불린다. 이를 좀 더 정리하여 보면
아래와 같다.

그림 200

Brisket = 차돌박이 + 양지머리 = 대흉근(사람)

1. Superficial **Pectoral** m.   Brisket Point, Deckle   차돌박이
   Pectoralis Superficialis m.

1) Descending Pectoral m.

2) Transverse Pectoral m. (Human X)

2. Deep **Pectoral** (Ascending pectoral) m.   Brisket Flat   양지머리
   Pectoralis Profundus (Pectoralis Ascendens) m.

Brisket, 즉 차돌박이와 양지머리의 정리. 소의 평소 자세는 마치 사람
이 엎드린 것과 비슷하므로 피부 쪽, 즉 천층에 있는 근육이 차돌박이
에 해당한다(소의 왼쪽 가슴을 중앙, 즉 내측에서 본 그림. 카메라 앵글에
주의할 것).

한편 소에 직접 차돌박이와 양지머리를 표시하여 보면 다음과 같다.

그림 201

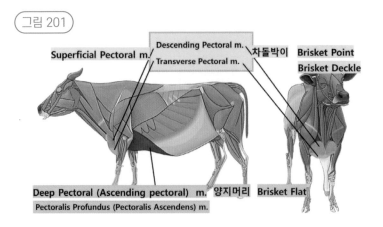

소의 차돌박이(노란색 부분)와 양지머리(파란색 부분)

　차돌박이의 경우 단단해서 그냥은 구워서 먹을 수 없는 관계로 마치 대패로 민 듯 얇게 썰어서 구워 먹게 되는데, 그 특징적인 띠 모양의 지방층과 무늬를 관찰할 수 있으며, 양지머리는 대개 국거리로 사용된다.

그림 202

얇게 썰어 놓은 차돌박이

02 | 업진살, 업진안살, 치마양지, 치마살, 앞치마살

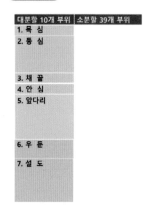

그림 203

업진살, 업진안살, 치마양지, 치마살, 앞치마살을 설명하기 전에, 이들의 명확한 이해를 위하여 배에 있는 4개의 근육을 아주 잠깐 살펴보는 시간을 갖도록 하겠다.

A. 복직근(腹直筋, Rectus abdominis m.): 배의 정중앙을 위아래로 주행하는데, 흔히 '임금 왕(王)' 또는 '6 Pack'을 만드는 근육(그림 204-a, 파란색 부분)

B. 외복사근(外腹斜筋, External oblique abdominal m., 배바깥경사근): 배의 정중앙을 벗어나서, 즉 복직근의 옆, 옆구리 쪽에서 사선 방향으로 주행하는 근육(가장 천층, 그림 204-b, 파란색 부분)

C. 내복사근(內腹斜筋, Internal oblique abdominal m., 배속경사근): 외복사근

바로 아래층 근육으로 외복사근에 직각되는 주행 방향을 갖는 근육(중간
층, 그림 204-c, 파란색 부분)

D. 복횡근(腹橫筋, Transversus abdominis m., 배가로근): 내복사근 아래층
근육으로 수평 방향으로 주행하는 근육(가장 안쪽 층, 그림 204-d, 파란색
부분)

그림 204

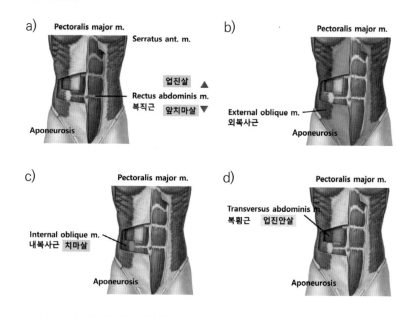

아주 잠깐 살펴보는 배의 근육. 파란색 부위에 주목할 것.

1) 업진살과 앞치마살

하나의 같은 근육이므로 먼저 업진살과 앞치마살을 같이 살펴보도록 하겠다.

농림수산식품부 고시에 따른 정의

• 소분할

- **업진살**: 대분할 양지로 분류하며 지방과 살코기가 겹겹이 층을 이루며, 제7갈비뼈(늑골)에서 제13갈비뼈 하단부까지의 연골 부위를 덮고 있는 근육들에서 차돌박이 부위를 제외하고 갈비와 분리하여 정형한 것.
- **앞치마살**: 제3~제6허리뼈(요추)까지의 복부 절개선 방향에 위치하는 배곧은근(복직근)을 분리 정형한 것으로 타원형의 판 형태를 이루고 있으며, 치마양지에서 분리한 것.

만일 필자에게 이를 좀 간단하게 정리하라 한다면 '같은 복직근(腹直筋, Rectus abdominis m.)으로 배꼽 위의 복직근은 업진살, 배꼽 아래의 복직근은 앞치마살이다.'라고 한 문장으로 정의할 수 있겠다.

그림 205

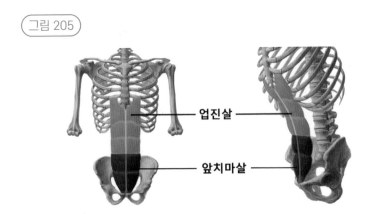

업진살과 앞치마살. 같은 복직근(腹直筋, Rectus abdominis m.)으로
배꼽 위의 복직근은 업진살, 배꼽 아래의 복직근은 앞치마살이다.

업진살은 업진양지, 우삼겹, Short plate 등으로도 불리나, 정말 간단히 표현한다면 흔하게 사람들이 부르는 '6 Pack' 또는 '임금 왕(王)'을 만드는 근육이다(그림 206).

그림 206

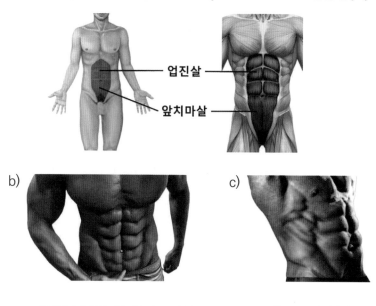

a)

업진살 = 업진양지 = 우삼겹 = Short plate = 6 PACK = 임금 왕(王)

업진살

앞치마살

b)

c)

업진살과 앞치마살

요즘 업진살은 그 썰어 놓은 모양이 돼지의 삼겹살과 유사하다 하여 소의 삼겹살, 즉 우삼겹이라 불리며 판매되고 있다.

소의 삼겹살, 즉 우삼겹이라 불리는 업진살

2) 업진안살(Inside Skirt)

농림수산식품부 고시에 따른 정의

• 소분할

- **업진안살**: 제7~제12갈비뼈(늑골) 복강 안쪽에 위치하는 배가로근(복횡근)만으로 이루어진 부위로 가늘고 길며 얇은 판 형태를 이루고 있으며 업진살 부위에서 분리 정형한 것.

즉, 업진안살이란 복횡근(腹橫筋, Transversus abdominis m., 배가로근)을 분리 정형한 것으로 그 위치를 살펴보면 다음과 같다.

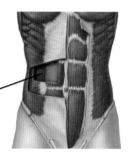

그림 208

업진안살 **Inside Skirt**

제7~제12갈비뼈(늑골) 복강안쪽에 위치하는
배가로근(복횡근)만으로 이루어진 부위로 가늘
고 길며 얇은 판 형태를 이루고 있으며 업진살
부위에서 분리 정형한 것

Transversus abdominis m.

복횡근 腹橫筋　배가로근

3) 치마살(Thin flank)

농림수산식품부 고시에 따른 정의

• 소분할

– **치마살**: 치마양지 부위에서 내복사근만을 분리하여 정형한 것.

이렇게 법령이 'A는 무슨 근육이다'라고 정의해 주면 얼마나 이해가 빠를
까? 정말 오랜만에 정의다운 정의를 내리고 있으니 정말로 정의롭지 않은
가? 치마살이란 내복사근(內腹斜筋, Internal oblique abdominal m., 배속경사
근)만을 분리 정형한 것으로, 분리해 낸 고기의 결이 주름이 많이 진 관계로,
마치 주름치마와 비슷하다 하여 붙여진 이름이라 한다.

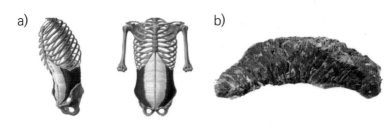

그림 209

a)   b)

내복사근(內腹斜筋, Internal oblique abdominal m., 배속경사근)과 치마살

4) 치마양지

농림수산식품부 고시에 따른 정의

- 소분할

- **치마양지**: 제1허리뼈(요추)에서 뒷다리 관골 절단면까지 복부 근육들로
  배속경사근(내복사근), 배곧은근(복직근), 배바깥경사근(외복사근)과 몸통
  피부근(동피근)이 주를 이루며, 채끝 부위 배최장근 복강 쪽 5㎝ 지점에
  서 이분체 분할정중선과 수평으로 절단하여 정형한 것.

문맥상 ① 내복사근(內腹斜筋, Internal oblique abdominal m., 배속경사근),
② 외복사근(外腹斜筋, External oblique abdominal m., 배바깥경사근), ③ 복직
근(腹直筋, Rectus abdominis m.)으로 이루어진다 했는데, 이는 배에 있는 근
육의 대다수를 지칭한다(업진안살인 복횡근을 제외하고). 그러므로 '치마양지'
라는 용어는 대개의 경우 양지 부위 중 가슴 부위를 제외한 배 부분의 양지를
넓게 지칭하는 의미로 사용된다.

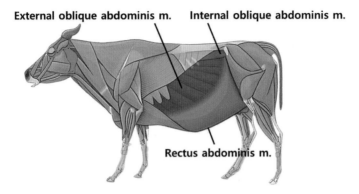

치마양지

사태

(Shank)

농림수산식품부 고시에 따른 대분할 10개 부위 중 사태, 그중 소분할 39개 부위로 사태는 앞사태, 뒷사태, 뭉치사태, 아롱사태, 상박살로 나뉜다.

그림 211

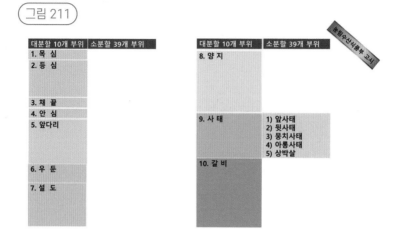

대분할 10개 부위	소분할 39개 부위
1. 목 심	
2. 등 심	
3. 채 끝	
4. 안 심	
5. 앞다리	
6. 우 둔	
7. 설 도	
8. 양 지	
9. 사 태	1) 앞사태 2) 뒷사태 3) 뭉치사태 4) 아롱사태 5) 상박살
10. 갈 비	

농림수산식품부 고시에 따른 정의

• 대분할

– 사태: 앞다리의 전완골과 상완골 일부, 뒷다리의 하퇴골을 둘러싸고 있는 작은 근육들로서 앞다리와 우둔 부위 하단에서 분리하여 인대 및 지방을 제거하여 정형하며 앞사태, 뒷사태, 뭉치사태, 아롱사태, 상박살이 포함된다.

항상 그래 왔듯이 모호한 정의를 하고 있는바, 필자가 간단하게 정리하여 보면 '사태란 Lower leg를 말한다'라고 할 수 있겠다('팔꿈치 아래, 무릎 아랫부분을 말한다'라고 할 수도 있겠지만 소에 있어 팔꿈치도 다리로 보는 관계로).

그림 212

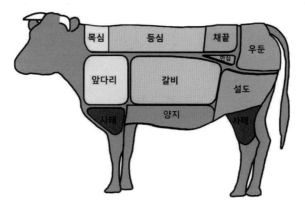

대분할 10개 부위

사태(Shank). 붉은색 부위. 소의 무릎의 위치에 주목할 것(우둔과 설도의 위치가 잘못 표시되어 있다).

01 │ 앞사태, 뒷사태, 상박살

앞사태, 뒷사태, 상박살을 같이 살펴보자.

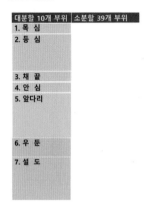

대분할 10개 부위	소분할 39개 부위
1. 목 심	
2. 등 심	
3. 채 끝	
4. 안 심	
5. 앞다리	
6. 우 둔	
7. 설 도	

대분할 10개 부위	소분할 39개 부위
8. 양 지	
9. 사 태	▶ 1) 앞사태 ▶ 2) 뒷사태 ▶ 5) 상박살
10. 갈 비	

그림 213

앞사태, 뒷사태, 상박살

농림수산식품부 고시에 따른 정의

• 소분할

- **앞사태**: 앞다리의 전완골과 상완골 일부를 감싸고 있는 여러 근육들로 근막을 따라 앞다리에서 분리 정형한 것.
- **뒷사태**: 뒷다리의 하퇴골을 싸고 있는 여러 근육들로 근막을 따라 우둔에서 분리 정형한 것 또는 뒷다리의 하퇴골인 경골과 비골을 감싸고 있는 여러 근육들로 구성되어 있다.
- **상박살**: 앞다리 상완골을 감싸고 있는 상완근을 앞사태에서 분리 정형한 것.

그러나 위 정의를 다시 살펴보면 앞다리와 뒷다리의 구분은 되지만 그다음은 '여러 근육'이라 말하고 있는데, 그렇다면 도대체 어느 근육을 사태라 한다는 건지? 알 수가 없는 정의일뿐더러, 상박살 정의에서 말하는 상완근이란 위팔의 근육이라는 뜻인데, 앞다리의 어느 근육이라는 건지 알 수가 없다. 도대체 어느 근육이란 말인가?

더불어 대분할 앞다리 부위 중 소분할 앞다리살과 상박살이 어떻게 다르다는 건지 (그림 214)? 법령의 정의 자체가 이렇게 형편없다 보니 더 이상의 설명은 불필요하다 생각된다.

그림 214

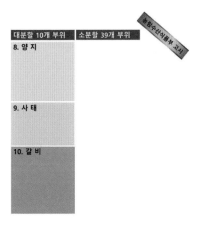

그나마 그래도 정리하여 보면 '사태는 크게 앞사태와 뒷사태로 구분되며, 앞사태에서 상박살이 소분할되고 뒷사태에서 아롱사태와 뭉치사태가 소분할된다'라고 할 수 있겠다.

용어의 유감(有感)

위 고시 내용 중에 등장하는 전완골과 상완골, 하퇴골이라는 용어를 접하다 보면, 다소는 엉뚱하지만 그래도 이유(理由, Reason) 있는 질문들을 해 보게 된다.

1. 전완골(前腕骨)이란 용어를 사용한다면 위팔의 뼈는 후완골(後腕骨)이라 해야 하나 후완골(後腕骨)이라 하지 않고 상완골(上腕骨)이라 한다.
2. 상완골(上腕骨)이란 용어를 사용한다면 아래팔의 뼈는 하완골(下腕骨)이라 해야 하나 하완골(下腕骨)이라 하지 않고 전완골(前腕骨)이라 한다.
3. 하퇴골(下腿骨)이란 용어를 사용한다면 위 다리의 뼈는 상퇴골(上腿骨)이라 해야 하나 상퇴골(上腿骨)이라 하지 않고 대퇴골(大腿骨)이라 한다.
4. 대퇴골(大腿骨)이란 용어를 사용한다면 아래 다리의 뼈는 소퇴골(小腿骨)이라 해야 하나 소퇴골(小腿骨)이라 하지 않고 하퇴골(下腿骨)이라 한다.

영어 표현에서도 유사하게 부조화가 있는 관계로(Forearm 등), 필자의 경우 가급적 Upper Arm과 Lower Arm, 그리고 Upper Leg와 Lower Leg라는 표현만을 사용토록 하겠다(그림 215).

그림 215

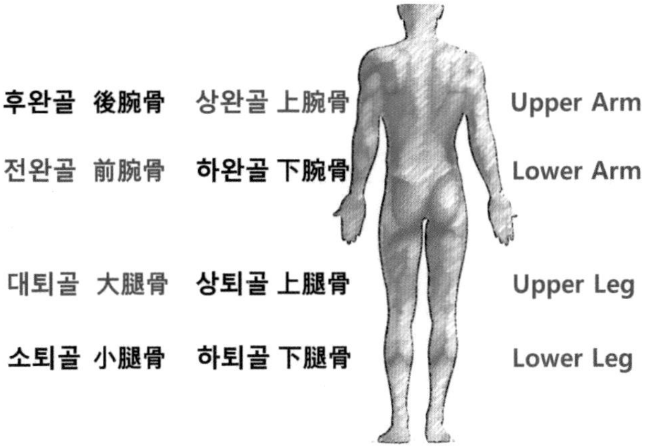

후완골 後腕骨	상완골 上腕骨	Upper Arm
전완골 前腕骨	하완골 下腕骨	Lower Arm
대퇴골 大腿骨	상퇴골 上腿骨	Upper Leg
소퇴골 小腿骨	하퇴골 下腿骨	Lower Leg

또 다른 용어의 유감으로 '사태'라는 용어이다. 소의 다리, 또는 구체적으로 소의 팔꿈치 아래, 무릎 아래 다리라고 표현하면 될 것을 대다수 한국 사람이 모르는, '사태'라는 한국말을 사용한다는 점인데, 한자도 아닐뿐더러, 어느 박식하신 분들에 따르면 '샅의 고기'라는 의미에서 '사태'가 되었다 하는데, 뒷사태는 사타구니가 있으니까 억지로라도 사태라 하겠지만, 그럼 앞사태는 사타구니가 멀어서 사태라 했다는 건가? 거기다가 샅의 고기면 우둔이나 설도가 되어야지, 소의 사타구니는 무릎 아래, 팔꿈치 아래에 있다는 걸까? 눈**사태**, 산**사태**, 유혈**사태**도 아니고 이런 종잡을 수 없는 **사태**를 어떻게 해결하려고 하는 걸까? 아니야! 아직 님들은 중단 없는 개혁을 하고 계시는 걸 거야······.

02 | 뭉치사태와 아롱사태

그림 216

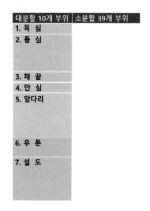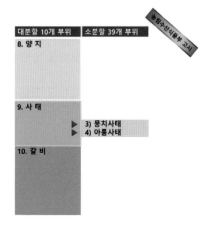

뭉치사태와 아롱사태

농림수산식품부 고시에 따른 정의

• 소분할

- **뭉치사태**: 넓적다리뼈(대퇴골) 하단부의 무릎관절(슬관절)을 감싸고 있는 장딴지근(비복근)으로 된 부위로서 뒷사태와 분리 정형한 것.
- **아롱사태**: 뭉치사태 안쪽에 있는 단일 근육이며 얕은뒷발가락굽힘근(천지굴근)으로서 아킬레스건에 이어진 근육을 따라 뭉치사태 하단부에서 상단부까지 절개 후 분리 정형한 것.

먼저 뭉치사태란 비복근(腓腹筋, Gastrocnemius m., 장딴지근)이라 정의 내리고 있는데, 비복근이란 장딴지 뒤편에 불룩하게 만져지는 큰 근육으로 아킬레스건을 이루는 근육의 하나이다(그림 217).

필자와 같은 중년 남성의 배처럼(?) 불룩하게 솟아있다 하여 '腓(장딴지 비)', '腹(배 복)'이라 명명된 듯한데, 영어로도 Gastro(배) + Cnemius(다리) m.로 그 의미가 상통한다 하겠다.

그림 217

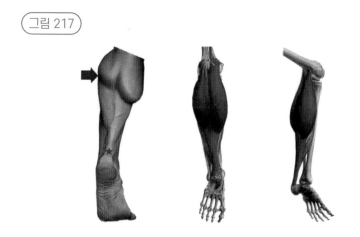

비복근(腓腹筋, Gastrocnemius m., 장딴지근). 파란색 화살표와 파란색 부위. 아킬레스건(빨간색 별표)을 이루는 근육의 하나이다.

한편 또 한 번의 지적을 안 할 수 없는 게 있는데, 위 농림수산식품부 고시 중에 '무릎관절(슬관절)을 감싸고 있는 장딴지근(비복근)으로 된' 대목인데, 필자가 아무리 둘러보아도 비복근은 종아리를 위에서 아래로 주행할 뿐인데, 무슨 슬관절을 감싸고 있다는 건가 싶다. 가져다 붙일 걸 붙여야지, 아마도 그분들의 비복근은 슬관절을 감싸고 있는 걸까? 장딴지를 얘기하는데 웬 뚱딴지 소리? 아니면 무지(無知)와 무지(無智)? 이런 단무지!

다음으로 아롱사태(Center heel of shank)에 대하여 살펴보게 되면 '아롱'이란 이름에서 보여 주듯 뭔가 '아롱다롱'한 무늬가 있을 듯한데, 감싸고 있는 뭉치사태 안쪽에서 얻어지는 기다란 근육으로 이를 단면으로 썰게 되면 마치 호랑이 또는 고등어 무늬 같은 알록달록한 무늬를 볼 수가 있게 된다(그림 218).

그림 218

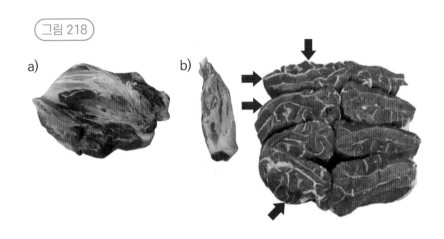

a) 뭉치사태

b) 아롱사태, 화려한 알록달록 무늬가 보인다(파란색 화살표).

농림수산식품부 고시에 따른 정의

• 소분할

– **아롱사태**: 뭉치사태 안쪽에 있는 단일 근육이며 얕은뒷발가락굽힘근(천지굴근)으로서 아킬레스건에 이어진 근육을 따라 뭉치사태 하단부에서 상단부까지 절개 후 분리 정형한 것.

이는 "아롱사태 = 천지굴근(淺指屈筋, Flexor digitorum superficialis m.) = 얕은**뒷**발가락굽힘근"으로 정리할 수 있겠다. 이때 천지굴근의 어떤 표현에서도(한국어, 한문, 영문) '**뒤**'라는 표현이 없음에도 불구하고 슬그머니 천지굴근의 표현을 '얕은**뒷**발가락굽힘근'으로 바꿔 버리고 있는데, 분명히 이는 잘못된 표현이며, 아래와 같이 정정되어야 한다.

- **아롱사태**: 천지굴근(淺指屈筋, Flexor digitorum superficialis m.) = 얕은 발가락굽힘근.

분명히 맞지 않은가? '천지굴근(淺指屈筋, Flexor digitorum superficialis m.) = 얕은발가락굽힘근'은 앞다리에도 있는 관계로 이렇게 되면 아롱사태는 앞다리에서도 나와야 하며, 실제 앞다리의 천지굴근에서도 아롱무늬가 관찰된다. 바로 여기에서 또다시 이 농림수산식품부 고시의 문제점을 제기 안 할 수가 없게 된다. 도대체 앞다리란 말인가? 뒷다리란 말인가? 그래서 혹자들은 뒷다리에서 나오는 것만 아롱사태라 하고 앞다리에서 나온 것은 아롱무늬가 있음에도 불구하고 아롱사태가 아니라고 한다. 이에 반해 또 다른 이들은 앞다리에서 나온 것도 아롱무늬가 있으므로 같은 아롱사태라 해야 한다고 주장한다. 법이, 정의(定義)가 잘못되어 있으니 누구 말을 맞다고 해야 되나(正義)? 어떤 우화(偶話)를 잠시 소개하여 보면, 옆으로 걷는 새끼 게(Crab)에게, 엄마 게가 똑바로 걸어 다니라고 꾸중했다고 한다. 이렇게 정의가 잘못된 경우 어떻게 걷는 것이 바르게 걷는 것일까? 누차 말하듯이 악법은 법이 맞지만 잘못된 법도 법일까?

그래도 천지굴근(淺指屈筋, Flexor digitorum superficialis m.) = 얕은**뒷**발가락굽힘근이라고 한 잘못된 법도, 일단은 그 뒤에 이어지는 '아킬레스건에 이어진 근육을 따라 뭉치사태 하단부에서 상단부까지 절개 후 분리 정형한 것'

이라는 대목과 잠정적으로 그 법을 존중하여 향후의 이 책에 한해서 아롱사태는 뒷다리에서만 나오는 것으로, 즉 **뒷**다리의 천지굴근만을 아롱사태로 인정하기로 하겠다.

자, 먼저 천지굴근(淺指屈筋, Flexor digitorum superficialis m.)이라는 용어부터 살펴보기로 하면, 한국말이면서도 잘 쓰이지 않는 단어이다 보니 뭔가 괴이하게 느껴지는 것은 필자도 마찬가지이다.

한자를 먼저 살펴보면 "淺(얕을 천), 指(손가락 지), 屈(굽을 굴), 筋(힘줄 근)"으로 직역하여 보면 "얕은 손(발)가락 굽힘근"이 된다.

영어로도 살펴보면 Flexor digitorum superficialis m.로 역시 '얕은 손(발)가락 굽힘근'이 되는데, 명칭상 손(발)가락을 굽히는 데 쓰이는 근육이라는 느낌이 강하게 오기는 하지만, 그럼 '얕은(淺, Superficialis)'이란 용어는 왜 쓰인 것일까? 그렇다면 '깊은(深, Profundus)'이란 용어가 쓰이는 근육이 또 있다는 것일까?

그렇다. 천지굴근(淺指屈筋, Flexor digitorum superficialis m.)이 있다면 심지굴근(深指屈筋, Flexor digitorum profundus m.)이 분명 존재하며 이들 간의 매끄러운 작용으로, 우리의 손 발가락을 자유롭게 움직일 수 있는 것인데. 자, 그렇다면 이제부터는 이 두 개의 근육에 대하여 좀 더 깊이 있게 살펴보도록 하겠다.

먼저 천지굴근(淺指屈筋)이란 얕은 곳에서 손가락을 움직이는 근육이란 뜻이고, 심지굴근(深指屈筋)이란 깊은 곳에서 손가락을 움직인다는 뜻인데, 뭔가 풍기는 느낌이 얕은 곳과 깊은 곳에서 손가락을 조종한다는 느낌이 들지 않는가? 맞다. 천지굴근(淺指屈筋)은 피부에 가까운 얕은 곳에서, 심지굴근(深指屈筋)은 천지굴근(淺指屈筋)보다 밑의 층, 즉 깊은 곳에서 손가락을 움직이는 기능을 담당하고 있다(그림 219).

그림 219

a)

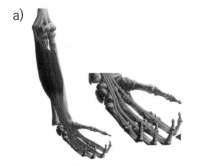

천지굴근(淺指屈筋)
Flexor digitorum superficialis m.

b)

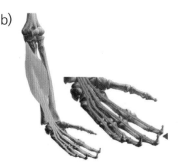

심지굴근(深指屈筋)
Flexor digitorum profundus m

천지굴근(淺指屈筋, Flexor digitorum superficialis m.)과 심지굴근(深指屈筋, Flexor digitorum profundus m.)

a) 천지굴근(파란색 부위). 건(Tendon, 녹색 부위)의 끝나는 지점에 유의할 것(빨간색 삼각형). 손가락의 두 번째 마디(Middle phalanx)에서 끝나고 있다.

b) 심지굴근(노란색 부위). 건(Tendon, 녹색 부위)의 끝나는 지점에 유의할 것(빨간색 삼각형). 손가락의 끝마디(Distal phalanx)에서 끝나고 있다.

   그렇다면 손가락을 움직이는 데 왜 이런 얕은 근육과 깊은 근육 두 개가 필요한 것일까? 더불어 손가락을 움직이는 근육이라면 손가락이나 손바닥에 있어야지 왜 팔에 있는 것일까?

   두 번째 질문에 먼저 답을 해 보면, 만약 손가락을 움직이는 근육을 전부 다 손가락이나 손바닥에 배치하였다면 아마도 우리들의 손가락이나 손바닥은 지금의 납작한 손바닥이 아니라 곰 발바닥보다 더 두껍거나 동그랗게 공처럼 부풀어 올랐을 것이다. 아마도 이런 손으로는 어떤 물체를 쥐기도 힘들었을 것이고, 더불어 손가락을 못 쓰는 인류라는 동물이 지금과 같은 문명을 만들 수도 없었을 것이다(Homo Faber).

그러나 손가락을 움직이는 근육을 멀리 후방, 즉 팔에 배치한 후, 긴 끈 (Tendon(건))으로 원격 조종(?)을 한다면 이러한 문제점을 해결할 수 있게 되는데, 이는 마치 인형극에서 줄에 매달린 꼭두각시(Marionette, Puppet)의 움직임과 유사하다 하겠다(그림 220-a).

다음으로 첫 번째 질문인 '손가락을 움직이는데 왜 이런 얕은 근육과 깊은 근육 2개가 필요한 것일까?'에 대하여 살펴보자. 그 답은 손가락을 효과적으로 마디마디 제어하기 위한 것이다. 이를 위해 천지굴근(淺指屈筋)은 손가락의 둘째 마디(Middle phalanx)에서 끝나게 되고, 심지굴근(深指屈筋)은 손가락의 끝마디(Distal phalanx)에서 끝나게 되는데, 이들 2개의 근육(얕은, 깊은), 즉 2개의 Tendon(건)을 이용하여 손가락의 굽힘을 조화롭게 제어할 수 있게 되는 것이다(그림 220-b).

그림 220

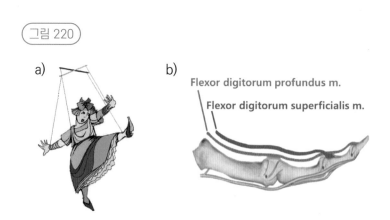

a) 꼭두각시(Marionette, Puppet)

b) 천지굴근(淺指屈筋, Flexor digitorum superficialis m., 파란색)과 심지굴근(深指屈筋, Flexor digitorum profundus m., 분홍색)

자, 그렇다면 이제부터는 이 두 개의 근육(건)의 작용 메커니즘에 대하여 살펴보도록 하자(그림 221-a). 만일 이 중에서 천지굴근(淺指屈筋)은 그대로 놔두고 심지굴근(深指屈筋)만을 움직인다면 어떤 움직임을 나타날까? 그렇다. 손가락의 끝마디(Distal phalanx)만이 굽어지는 현상이 일어날 것이다(그림 221-b).

반대로 심지굴근(深指屈筋)은 그대로 두고 천지굴근(淺指屈筋)만을 움직인다면 어떤 현상이 일어날까? 그렇다. 손가락의 둘째 마디(Middle phalanx)만이 굽어지는 현상이 일어날 것이다(그림 221- c). 자, 그렇다면 이제는 천지굴근(淺指屈筋)과 심지굴근(深指屈筋)을 같이 움직인다면 어떤 현상이 일어날까? 그렇다. 손가락의 둘째 마디(Middle phalanx)와 끝마디(Distal phalanx)가 같이 굽어져서 마치 방아쇠를 당길 때처럼 'ㄷ' 자 형태로 말리게 될 것이다(그림 221-d).

그림 221

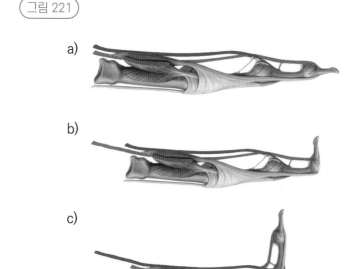

a)

b)

c)

d)

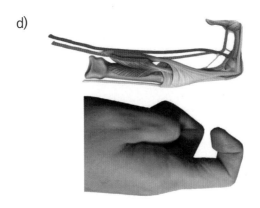

천지굴근(淺指屈筋)과 심지굴근(深指屈筋)에 의한 손가락의 굽힘 메커니즘. 천지굴근(淺指屈筋)의 Tendon(건)은 파란색 표시, 심지굴근(深指屈筋)의 Tendon(건)은 분홍색 표시.

a) 손가락이 펴진 상태의 Tendon(건)

b) 천지굴근(淺指屈筋)은 그대로 놔두고 심지굴근(深指屈筋)만을 움직인다면 손가락의 끝마디(Distal phalanx)만이 굽어지는 현상이 일어난다.

c) 심지굴근(深指屈筋)은 그대로 두고 천지굴근(淺指屈筋)만을 움직인다면 손가락의 둘째 마디(Middle phalanx)만이 굽어지는 현상이 일어난다.

d) 천지굴근(淺指屈筋)과 심지굴근(深指屈筋)을 같이 움직인다면 손가락의 둘째 마디(Middle phalanx)와 끝마디(Distal phalanx)가 같이 굽어져서 마치 방아쇠를 당길 때처럼 'ㄷ' 자 형태로 말린다.

한편 위의 그림에서 설명의 편의를 위하여 천지굴근(淺指屈筋)과 심지굴근(深指屈筋)의 Tendon(건)을 겹쳐서 표시했지만, 사실 이 두 Tendon(건)이 만나게 되는 교차점(그림 222-a, 녹색 화살표)에서는 서로 어떻게 지나가는 걸까? 이는 마치 당구 게임에 있어 손가락(천지굴근의 Tendon(건)에 해당)과 큐대(심지굴근의 Tendon(건)에 해당)의 관계와 유사한데, Y 자형으로 벌어진 천지굴근(淺指屈筋)의 Tendon(건) 사이를 심지굴근(深指屈筋)의 Tendon(건)이 관통하여 움직이기 때문이다(그림 222-b, c).

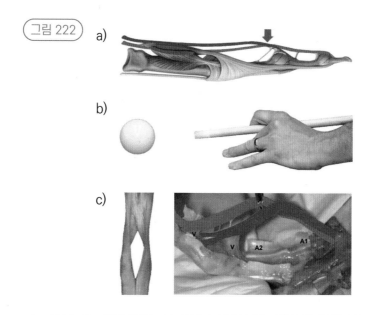

그림 222

a) 천지굴근(淺指屈筋)과 심지굴근(深指屈筋) Tendon(건)의 교차점(녹색 화살표).

b) 당구 게임에 있어 손가락을 천지굴근(淺指屈筋)의 Tendon(건)에, 큐대는 심지굴근(深指屈筋)의 Tendon(건)에 해당하는 것으로 비유할 수 있다.

c) 실제 손가락을 절개, 박리한 모습. 왼쪽은 천지굴근(淺指屈筋)의 Tendon(건)의 모습이고, 오른쪽에 천지굴근(淺指屈筋, 파란색으로 표시)의 Tendon(건) 사이로 심지굴근(深指屈筋, 분홍색으로 표시)의 Tendon(건)이 관통하여 지나가는 모습이 관찰된다.

이러한 천지굴근(淺指屈筋)과 심지굴근(深指屈筋)의 역할은 비단 사람 손가락뿐만 아니라, 사지동물에 있어서는 말굽의 움직임에 중요한 역할을 하게 되는데, 당연히 앞다리뿐만 아니라 뒷다리에서도 동일한 작용 메커니즘을 가진다(그림 223).

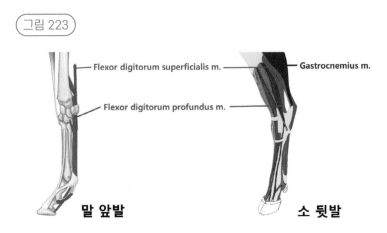

그림 223

- Flexor digitorum superficialis m.
- Flexor digitorum profundus m.
- Gastrocnemius m.

말 앞발　　　　**소 뒷발**

사지동물에 있어 천지굴근(淺指屈筋, 파란색 부위)과 심지굴근(深指屈筋, 빨간색 부위)

그러므로 정도의 차이는 있지만 천지굴근(淺指屈筋)뿐만 아니라 심지굴근(深指屈筋)에서도 아롱무늬가 나타나며, 심지어 굴근(屈筋, Flexor: 손발이나 손발가락을 굽히는 데 쓰이는 근육)의 반대 역할을 하는 신근(伸筋, Extensor: 손발이나 손발가락을 펴는 데 쓰이는 근육)에서도 아롱무늬가 관찰되고, 뒷다리뿐만 아니라 앞다리에서도 아롱무늬가 관찰된다.

그러므로 앞서 언급한 바와 같이 농림수산식품부 고시에 따른 '아롱사태 = 천지굴근(淺指屈筋, Flexor digitorum superficialis m.) = 얕은**뒷**발가락굽힘근'이라는 정의는 많은 문제점을 안고 있다 하겠다(그림 224).

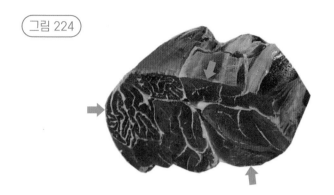

그림 224

부위에 따라 아롱의 무늬와 화려함이 다르다(녹색 화살표).

그렇다면 왜? 그리고 어떻게 이런 아롱무늬가 나타나게 되는 것일까? 사실 우리 눈에 보이는 아롱무늬는 근육을 싸고 있는 하얀색 근막(Fascia)이 수직으로 잘린 결과물이라 할 수 있겠는데, 만일 이를 수평으로 잘라 보면 그 대답을 얻을 수 있다. 이는 끝부분으로 갈수록 근육의 폭이 좁아지면서 점차 Tendon(건)으로 변해가는 과정 중에 그 근막(Fascia)들이 그려내는 화려한 주름 무늬인 것이다(그림225).

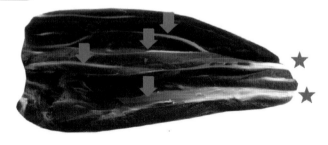

그림 225

아롱사태를 길이 방향으로, 즉 수평 되게 절개한 모습.

끝부분으로 갈수록 근육의 두께가 감소하면서 근막(Fascia, 녹색화살표)들이 밀집하게 되고, 점차 Tendon(건, 빨간색 화살표)으로 변해가게 된다.

또 한편, 뒷사태에 있어 굴근(屈筋, Flexor)의 반대 역할을 하는 신근(伸筋, Extensor)에서조차도 같은 원리에 의하여 아롱무늬가 나타나는데, 이러한 신근(伸筋, Extensor)의 무늬에는 '다롱(?)사태'라는 이름을 붙여야 할까? 또 한 번 농림수산식품부 고시의 문제점을 언급 안 할 수가 없다(그림 226). 아으, 다롱디리!

그림 226

신근(伸筋, Extensor)에서도 아롱무늬가 관찰된다.

이상으로 소의 아롱사태에 대하여 알아보았는데, 그렇다면 이 아롱사태 부위는 사람의 어느 근육에 해당될까? 다시 한번 농림수산식품부 고시를 들먹여 보면, "아롱사태 = 천지굴근(淺指屈筋, Flexor digitorum superficialis m.) = 얕은뒷발가락굽힘근"이므로 소에서와 같이 종아리 부분에 있으리라 생각되기 쉬우나, 사람에 있어서는 그렇게 간단하지만은 않다(그림 227).

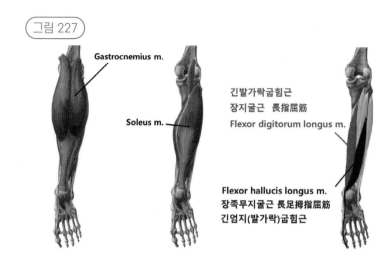

그림 227

Gastrocnemius m.

Soleus m.

긴발가락굽힘근
장지굴근 長指屈筋
Flexor digitorum longus m.

Flexor hallucis longus m.
장족무지굴근 長足拇指屈筋
긴엄지(발가락)굽힘근

먼저, 발가락을 굽히는 근육은 Gastrocnemius m.과 Soleus m.의 하방에 위치하게 되는데, 소와는 달리 Flexor hallucis longus m.과 Flexor digitorum longus m.라는 명칭을 갖는다. 왜 이런 낯선 이름을 갖게 된 걸까? 당연히 사람의 손가락과 발가락은 5개이다. 이중 손가락을 움직이는 근육은 앞서 살펴보았듯이 소를 포함한 대개의 사지동물과 거의 흡사하여 천지굴근(淺指屈筋, Flexor digitorum superficialis m.)과 심지굴근(深指屈筋, Flexor digitorum profundus m.)으로 이루어져 있으나, 사람의 발가락을 움직이는 근육은 이와는 매우 다르게 설계되어 있다.

첫째, 사람에 있어서는 엄지발가락 1개, 그리고 나머지 발가락 4개 단위로 근육과 그 기능이 다른데, 엄지발가락에는 'Hallucis(엄지)'라는 새로운 명칭이, 나머지 발가락 4개는 그대로 'Digitorum'이라는 명칭이 사용된다.
둘째, 기존의 Superficialis(얕은), Profundus(깊은) 명칭 대신에 'Brevis(짧은)', 'Longus(긴)'라는 새로운 명칭을 사용하게 된다.

위의 내용을 기억하고서 다시 한번 [그림 227]을 자세히 살펴보도록 하자. 그리고 Flexor hallucis longus m.(고동색)과 Flexor digitorum longus m.(빨간색)의 Tendon(건)을 정확히 구분해 보고 그 종착 지점을 확인해 보길 바란다.

이를 통하여 앞서 언급한 바와 같이 크게 엄지와 나머지 4개 발가락 단위로, 즉 크게 두 가지로 근육과 건이 구분되는 것을 알 수 있다. 더불어 그 Tendon(건)들의 종착 지점을 확인해 보면 분명히 발가락의 마지막 마디(Distal phalanx)에서 끝나는 것도 알 수 있는데, 이는 무엇을 의미하는 것일까?

그렇다. Flexor hallucis longus m.과 Flexor digitorum longus m.은 소에 있어서의 'Profundus'에 해당하는 것으로, 바꾸어 적어 보면 Flexor hallucis profundus m.과 Flexor digitorum profundus m.이라 할 수 있겠다(실제 이런 명칭이 없다는 것은 충분히 이해하리라 생각된다).

> Flexor hallucis longus(≒profundus) m.과 Flexor digitorum longus(≒profundus) m.

혹자들, 아니 많은 분이 사람의 Flexor hallucis longus m.과 Flexor digitorum longus m.이 소의 아롱사태에 해당한다고 많은 글에서 주장하고 있으나, 분명 이는 'Profundus'에 해당하므로, 즉 심지굴근(深指屈筋, Flexor digitorum profundus m.)에 해당하므로, 절대 절대 절대로 농림수산식품부 정의에 따른 아롱사태에 해당하지 않는다.[17]

---

17) 농림수산식품부 정의에 따르면 천지굴근(淺指屈筋, Flexor digitorum superficialis m.)만을 아롱사태라고 정의하고 있다.

자, 그렇다면 사람의 아롱사태, 즉 사람의 천지굴근(淺指屈筋, Flexor digitorum superficialis m.)에 해당하는 Flexor hallucis brevis m.과 Flexor digitorum brevis m.은 도대체 어디에 있는 걸까?

> Flexor hallucis brevis(≒superficialis) m.과 Flexor digitorum brevis(≒superficialis) m.

바로 그 답은 발바닥 안에 있다(그림 228-a). 발바닥의 가장 표층(Superficial layer)에서 2, 3, 4, 5번째 발가락을 굽히는 Flexor digitorum brevis m.을 발견할 수 있는데, 이전 경우들과 달리 근육 자체가 발바닥 안에 내재되어 있다는 점이 흥미롭다.

자, 이렇게 하여 일단은 정의상 사람의 아롱사태라 할 수 있는 Flexor digitorum brevis m.은 찾아내었는데, 그렇다면 또 하나, 엄지발가락만을 굽히는 Flexor hallucis brevis m.은 어디에 있는 것일까? 발바닥의 표층보다 하나 아래 깊은 층을 살펴보아도 우리가 찾는 Flexor hallucis brevis m.은 관찰되지 않는다. 대신 발가락의 끝마디(Distal phalanx)에 연결되는 Flexor hallucis longus(≒profundus) m.과 Flexor digitorum longus(≒profundus) m.의 Tendon(건)을 관찰할 수 있다(그림 228-b). 과연 Flexor hallucis brevis m.은 어디에 있는 것일까? 발바닥의 좀 더 심부를 살펴보자! 도대체 어느 근육일까? 그렇다. Flexor hallucis brevis m.은 발의 가장 심부에 위치한 발의 내재근이다(그림 228-c).

이렇듯 사람의 다리의 경우 소를 포함한 여타 사지동물과는 아주 상이하게 근육들이 배치되어 있는 관계로, 농림수산식품부 고시에 따른 소의 아롱사태에 해당하는 천지굴근(淺指屈筋, Flexor digitorum superficialis m. = 얕은뒷발가락굽힘근)은 존재하지 않는다. 그러나 굳이 이에 대칭되는 Flexor hallucis brevis(≒superficialis) m.과 Flexor digitorum brevis(≒superficialis) m.을 그 짝으로 본다면, Flexor hallucis brevis(≒superficialis) m.은 발바닥의 심부에서, Flexor digitorum brevis(≒ superficialis) m.은 발바닥의 표층에서 찾아볼 수 있기는 하다.

그렇다면 Flexor hallucis brevis(≒superficialis) m.과 Flexor digitorum brevis(≒superficialis) m.에서도 아롱이 나타날까? 필자의 답은 '글쎄올시다.'이다.

그림 228

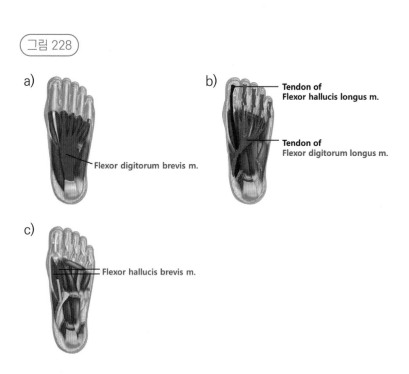

a)

     Flexor digitorum brevis m.

b)

Tendon of
Flexor hallucis longus m.

Tendon of
Flexor digitorum longus m.

c)

     Flexor hallucis brevis m.

사람 발바닥에서 근육과 건의 배치
a) 발바닥의 가장 표층 b) 발바닥의 중간층 c) 발바닥의 깊은 층

Chapter XII

갈비

농림수산식품부 고시에 따른 대분할 10개 부위 중 갈비, 그중 소분할 39개 부위로 갈비는 본갈비, 꽃갈비, 참갈비, 갈비살, 마구리, 토시살, 안창살, 제비추리로 나뉜다.

그림 229

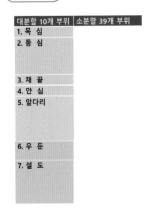

대분할 10개 부위	소분할 39개 부위
1. 목 심	
2. 등 심	
3. 채 끝	
4. 안 심	
5. 앞다리	
6. 우 둔	
7. 설 도	

대분할 10개 부위	소분할 39개 부위
8. 양 지	
9. 사 태	
10. 갈 비	1) 본갈비 2) 꽃갈비 3) 참갈비 4) 갈비살 5) 마구리 6) 토시살 7) 안창살 8) 제비추리

농림수산식품부 고시에 따른 정의

• 대분할

– **갈비**: 앞다리 부분을 분리한 다음 갈비뼈(늑골) 주위와 근육에서 등심과 양지 부위의 근육을 절단 분리한 후, 등뼈(흉추)에서 갈비뼈를 분리시킨 것으로서 갈비뼈를 포함시키고, 과다한 지방을 제거 정형하며 본갈비, 꽃갈비, 참갈비, 갈비살, 마구리를 포함한다. 대분할 구분의 특성상 토시살, 안창살, 제비추리도 동 부위에 포함하여 분류한다.

01 | 본갈비, 꽃갈비, 참갈비, 갈비살, 마구리

본갈비, 꽃갈비, 참갈비, 갈비살, 마구리는 연속되거나 인접된 부위이므로 한꺼번에 같이 살펴보도록 하겠다.

그림 230

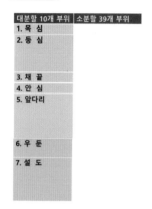

대분할 10개 부위	소분할 39개 부위
1. 목 심	
2. 등 심	
3. 채 끝	
4. 안 심	
5. 앞다리	
6. 우 둔	
7. 설 도	

대분할 10개 부위	소분할 39개 부위
8. 양 지	
9. 사 태	
10. 갈 비	▶ 1) 본갈비 ▶ 2) 꽃갈비 ▶ 3) 참갈비 ▶ 4) 갈비살 ▶ 5) 마구리

농림수산식품부 고시

농림수산식품부 고시에 따른 정의

• 소분할

- **본갈비**: 대분할된 갈비 부위에서 제5~제6갈비뼈(늑골) 사이를 절단하여 제1갈비뼈에서 제5갈비뼈까지의 부위를 정형한 것.

- **꽃갈비**: 대분할된 갈비 부위에서 제5~제6갈비뼈(늑골) 사이와 제8~제9 갈비뼈 사이를 절단하여 제6갈비뼈에서 제8갈비뼈까지의 부위를 정형 한 것.

- **참갈비**: 대분할된 갈비 부위에서 제8~제9갈비뼈(늑골) 사이를 절단하여 제9갈비뼈에서 제13갈비뼈까지의 부위를 정형한 것.
- **갈비살**: 갈비 부위에서 뼈를 제거하여 살코기 부위만을 정형한 것(본갈비살, 꽃갈비살, 참갈비살로 표시할 수 있다).
- **마구리**: 대분할된 갈비 부위에서 등심 부위가 제거된 늑골두 부분과 양지가 분리된 가슴뼈(흉골)와 늑연골 부분으로서 늑골사이근(늑간근)이 붙어 있는 부분을 따라 타원형으로 절단하여 분리한 것.

이를 간단히 정리하여 보면 [그림 231]과 같으며, 조금 부연 설명하여 보면 갈비뼈 1~5번은 본갈비, 갈비뼈 6~8번은 꽃갈비, 갈비뼈 9~13번은 참갈비, 갈비뼈를 제외하고 고기만을 취한 것을 갈비살(부위에 따라 본갈비살, 꽃갈비살, 참갈비살)로 분류한다. 등심에서 흉추 1~5번은 윗등심, 흉추 6~9번은 꽃등심, 흉추 10~13번은 아래등심으로 분류한 것과는 약간의 차이를 보이고 있다.

그림 231

a) 1) 본갈비 (Rib 1 - 5)

2) 꽃갈비 (Rib 6 - 8)

3) 참갈비 (Rib 9 - 13)　　6) 토시살

4) 갈비살　　　　　　　　7) 안창살

5) 마구리　　　　　　　　8) 제비추리

b) 등심 (T1 ~ T13)

1) 윗등심 (T1 ~ T5)

2) 꽃등심 (T6 ~ T9)

3) 아래 등심 (T10 ~ T13)

갈비의 분류와 등심의 분류

한편 갈비의 분류 중 마구리란 어느 부위를 말하는가? 먼저 '마구리'라는 용어 자체가 낯설기도 하거니와 왠지 조금은 비속어 같은 느낌이 들기도 하는데, 국어사전을 검색해도 나오지 않는 단어를 굳이 법령에 써야 했을까 하는 안타까움이 든다(그림 232).

그림 232

그럼에도 불구하고 법이 정한 바에 따라 마구리의 의미를 살펴보면, '대분할된 갈비 부위에서 등심 부위가 제거된 늑골두 부분과 양지가 분리된 가슴뼈(흉골)와 늑연골 부분으로서 늑골사이근(늑간근)이 붙어 있는 부분을 따라 타원형으로 절단하여 분리한 것'이라 횡설 정의하고 있는데, 도대체 어디에 있는 무슨 고기인지, 이 글로 이해가 되는지, 이 법을 만드신 분들께 꼭 물어보고 싶다. 반대로 직설적인 이분법을 좋아하는 필자가 마구리의 정의를 단한 줄로 정리하여 보면 다음과 같다.

'마구리란 흉골(胸骨, Sternum) 부위의 고기를 정형해 낸 것이다.'

그렇다. 더 쉽게 얘기하자면 마구리란 본갈비, 꽃갈비, 참갈비, 갈비살 등의 덩치가 있으면서도 상품 가치가 있는 고가의 고기에 비해, 흉골 부위에 남은 보잘것없는 자투리 고기를 이르는 말인 것이다. 제대로 된 갈비와 갈비살을 발라내게 되면, 흉골 부위에는 늑연골과 그 주변에 볼품없는 조그만 고기들밖에 남지 않는데, 이 부분을 정형하여 판매를 해 보았자 상품성이 없고, 버리자니 아깝기도 한, 마치 소에 있어서의 '계륵(鷄肋)' 같은 존재라 하겠다(그림 233).

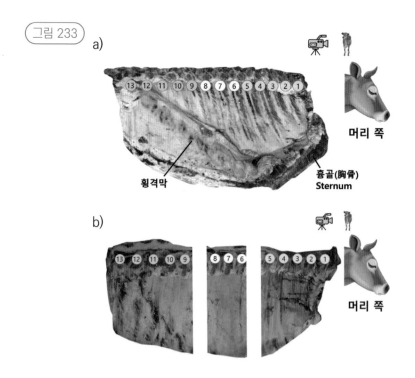

그림 233

a)

머리 쪽

횡격막

흉골(胸骨)
Sternum

b)

머리 쪽

소의 갈비와 갈비살, 그리고 마구리살.

본갈비(1~5번, 노란색 번호), 꽃갈비(6~8번, 흰색 번호), 참갈비(9~13번, 파란색 번호). 마구리살은 흉골(胸骨, Sternum) 주변의 고기를 말한다(소의 왼쪽 갈비를 내측에서 본 사진임, 카메라 앵글에 주의할 것).

a) 흉골과 횡격막이 붙어 있는 상태의 갈비,

b) 흉골과 횡격막을 제거, 정형한 후 본갈비, 꽃갈비, 참갈비로 분리한
모습

한편 사람(흉추 12개, 갈비뼈 12개)과 소(흉추 13개, 갈비뼈 13개)는 흉추와 갈비뼈의 수가 다르므로 그 직접적인 비교가 불가하나, 대략적으로 사람의 갈비를 나눠보면 다음과 같다(그림 234).

그림 234

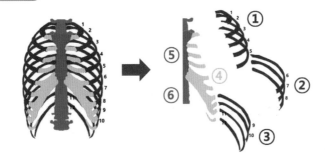

갈비뼈(Rib)
① 본갈비, ② 꽃갈비, ③ 참갈비, ④ 늑연골(Costochondral cartilage)
⑤ 흉골(Sternum, 마구리), ⑥ 척추(Vertebrae)

본갈비, 꽃갈비, 참갈비 중 꽃갈비 부위가 이름처럼 고기도 두툼할뿐더러 가장 맛이 있는 부위라 고급 생갈비용으로 사용되고, 그보다 못한 본갈비는 주로 양념갈비용으로 사용되며, 가장 빈약한 부위인 참갈비는 보통 갈비탕이나 갈비살용으로 가공된다. 꽃갈비에 나온 갈비살은 꽃갈비살, 본갈비에서 나온 갈비살은 본갈비살, 참갈비에서 나온 갈비살은 참갈비살이 되나, 꽃갈비와 본갈비는 상품성이 좋아 고가에 팔리게 되므로 보통 '갈비살'이라 부르

는 부위는 대개가 참갈비살이다. 마지막으로 가장 볼품이 없는 마구리 부위는 보통 육수용으로 판매된다.

한편, 'LA갈비'라 부르는 부위는 꽃갈비인 갈비뼈 6, 7, 8을 기존의 방식대로 갈비뼈와 평행하게 자른 것이 아니라, 갈비뼈에 수직으로 자른 형태로, 가장 두툼하고 맛이 있는 꽃갈비를 자르는 방식만 직각으로 잘랐기 때문에 그 맛은 당연히 꽃갈비와 동일하다. 더불어 LA는 미국의 Los Angeles를 의미한다 하나, 실제 미국의 LA에는 'LA갈비'라는 제품이나 음식이 없다 하니 조금은 역설적이라 하겠는데, 이런 면에서 보면 'LA갈비'란 한국의 전통 갈비라 해야 하는 걸까? (붕어빵에는 붕어가 없고, 터키에는 터키탕이 없다고 한다.)

그림 235

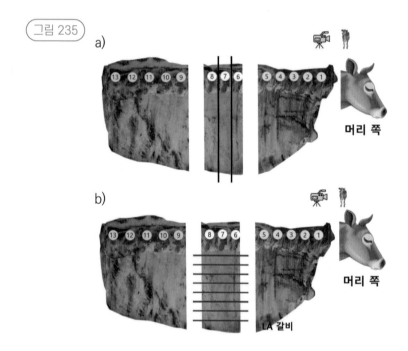

a) 갈비뼈와 평행하게 가공하는 전통 갈비
b) 갈비뼈에 수직으로 자르는 LA갈비

02 | 토시살(Thick Skirt, Hanging Tender), 안창살(Outside Skirt), 제비추리(Rope meat)

이번에는 토시살(Thick Skirt, Hanging Tender), 안창살(Outside Skirt), 제비추리(Rope meat)를 한꺼번에 살펴보도록 하겠다.

그림 236

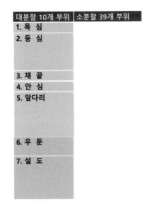

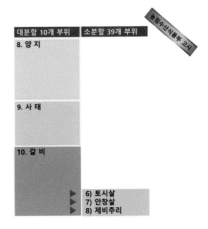

농림수산식품부 고시에 따른 정의

- 소분할

  - **토시살**: 제9등뼈(흉추)와 제1허리뼈(요추)에 부착되어 횡격막(안창살) 사이의 복강에 노출되어 있는 근육으로 안창살과 등뼈에서 분리 정형한 것.

  - **안창살**: 갈비 안쪽의 가슴뼈(흉골) 끝에서 허리뼈(요추)까지 갈비를 가로질러 있는 얇고 평평하게 복강 내에 노출되어 분포하는 횡격막근으로

갈비뼈(늑골)에서 분리하여 정형한 것.

- **제비추리**: 제1등뼈(흉추)에서 제6등뼈와 갈비뼈(늑골) 접합 부위를 따라 분포하는 띠 모양의 긴목근(경장근)으로 목심 및 등심이 분리되는 지점에서 직선으로 절단하여 정형한 것.

이 중에서 먼저 횡격막(橫膈膜, Diaphragm)을 구성하는 토시살(Thick Skirt, Hanging Tender)과 안창살(Outside Skirt)에 대하여 살펴보자.

횡격막(橫膈膜, Diaphragm)이란 이름 자체에 '막(膜)'이라는 글자가 있는 관계로 무슨 '얇은 막'으로 생각하기 쉬운데, 사실 가운데 부분을 제외하면 전체가 근육으로 되어 있다. 조금 과장하면 손잡이가 한쪽으로 치우친 우산 모양 또는 옛날 파라솔 말고 요즘 나오는 기둥이 한쪽으로 치우쳐 있는 파라솔과 닮았다고 하겠는데, 이때 우산의 가장자리 부분의 두툼한 근육만을 분리한 것이 안창살(Outside Skirt)이 되겠고 우산을 몸의 뒷벽에 고정, 수축시키는 손잡이, 기둥에 해당하는 근육을 토시살(Thick Skirt, Hanging Tender)이라 설명할 수 있다(그림 237).

그림 237

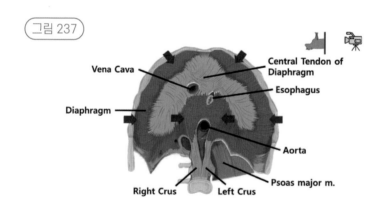

횡격막(橫膈膜, Diaphragm)의 구조

횡격막의 가장자리 부분의 동그란 근육(파란색 부분, 파란색 화살표)이 소의 안창살(Outside Skirt)에 해당되고, 뒷벽에 붙어 있는 근육(빨간색 부분, 빨간색 화살표) 기둥이 토시살(Thick Skirt, Hanging Tender)에 해당된다. 식도와 대동맥이 토시살을 관통하여 지나가고 있는데, 뒷벽에는 안심에 해당하는 Psoas major m.(녹색 부분)이 관찰된다. (소나 사람을 눕혀 놓고 밑에서 바라본 모습. 카메라 앵글에 유의할 것)

먼저 안창살에 대하여 살펴보면, 창문(Window11?) 안쪽에 있는 커튼의 주름살처럼 생긴 살이라고 해서 '안(Inner) + 창(Window) + 살(Meat)'이라던가 또는 신발 안쪽 모양과 유사하다 하여 '안창 + 살'이 되었다는 설이 있지만 조금은 억지스러운 주장들로 보이는데, 돼지에 있어서는 이 부분을 '갈매기살'이라 부르게 된다. 즉, 안창살(소) = 갈매기살(돼지)인 셈이다. (사실 필자가 서른 살이 되기 전까지 '갈매기살'은 바닷가의 새 '갈매기'의 고기인 줄 알았다나 어쨌다나? 그럼 '제비추리'는 '제비의 고기?')

그림 238

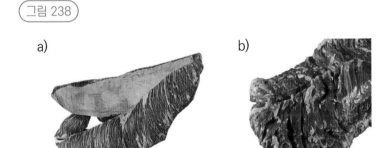

a)

b)

안창살(Outside Skirt)
a) 보통 띠 모양을 이루게 되며, b) 항상 호흡을 하는 횡격막 근육의 특성상 많은 주름이 관찰된다.

다음으로 토시살(Thick Skirt, Hanging Tender)에 대하여 살펴보면, '토시'라는 말이 팔이나 다리에 끼우는 '토시'와 닮았다 하여 지어졌다는 주장이 있으나, 뭐 별반 닮아 보이지는 않는데, 분리 정형된 토시살의 모양은 대개 긴 'X자' 모양을 갖고 있다.

[그림 237]에서 보면 원래 이 부분은 식도와 대동맥이 관통하기 때문에 만들어진 구멍으로, 대개 정형 과정에서 찢어져 집게 모양의 긴 'X자' 모양을 갖게 된다. 한편 소의 사체는 이분도체로 분리되므로 정중앙에 위치한 이 토시살은 어느 한쪽에 매달린 채로 육가공 단계를 거치므로, 영어에서도 'Hanging'이라는 단어로 표현되고 있다. 또한 정중앙에 위치하고 있으므로 좌우대칭을 이루지 않는 거의 유일한 근육이라고도 할 수 있다. 이 토시살의 아랫부분은 대동맥을 가운데 두고 2개로 갈라져서 복강의 뒷벽에 단단히 고정되는데, 그 생긴 모양이 다리(각, 脚, Leg) 같다 하여, 이 부분을 각각 좌우 횡격막각(左右橫隔膜脚, Right & Left Crus)[1]이라 부른다.

토시살의 색깔은 검붉은 적색을 띠는데, 미식가들에 의해 그 맛의 호(好), 불호(不好)가 극명하게 갈리는 부위이기도 하다.

그림 239

a)   b)

1) 'Crus'는 라틴어로 다리(각, 脚, Leg)를 의미한다.

a) 분리 정형된 토시살(Thick Skirt, Hanging Tender). 위와 아래에 식 도와 대동맥이 통과했던 부분이 관찰된다. (빨간색 화살표)

b) 손질된 토시살

마지막으로 제비추리(Rope meat, Neck chain m.)에 대하여 살펴보도록 하겠다. 농림수산식품부 고시에 따르면 '제1등뼈(흉추)에서 제6등뼈와 갈비뼈(늑골) 접합 부위를 따라 분포하는 띠 모양의 긴목근(경장근)으로 목심 및 등심이 분리되는 지점에서 직선으로 절단하여 정형한 것'으로 정의하고 있는데, 이런 너저분한 설명보다, 다혈질인 필자가 이를 심플 요약하여 보면 '가슴에 있는 경장근'이라 하겠다. 그렇다면 경장근(頸長筋, Longus colli m., 긴목근), 어디에서 들어 보지 않았던가? 그렇다. 이 책의 서두에 '목심살'을 설명할 때 등장했던 여러 근육 중의 하나였다.

그림 240

1) 목심살

머리 및 환추최장근, 반가시근(반극근), 널판근(판상근), 목마름모근(경능형근), 목가시근(경극근), 긴머리근(두장근), 상완머리근(상완두근) ▶ 및 긴목근(경장근)으로 구성

머리 및 환추최장근		Longissimus capitis m.
	環椎最長筋	Longissimus atlantis m.
반가시근(반극근)	半棘筋	Semispinal m.
널판근(판상근)	板状筋	Splenius m.
목마름모근(경능형근)	頸菱形筋	Rhomboid m.
목가시근(경극근)	頸棘筋	Spinalis cervicis m.
긴머리근(두장근)	頭長筋	Longus capitis m.
상완머리근(상완두근)	上腕頭筋	Brachiocephalic m.
▶ 긴목근(경장근)	頸長筋	Longus colli m.

이 책의 서두에서 목심살의 하나로 설명했던 경장근(頸長筋, Longus colli m., 긴목근)

그렇다면 목심살에서 설명했으면 됐지, 이미 언급했던 경장근이 왜 또 등장한단 말인가? 왜 같은 경장근을 재차 두 군데로 분류한다는 걸까? 혹시 분류가 잘못된 건 아닐까? 이를 이해하기 위해서는 경장근(頸長筋, Longus colli m., 긴목근)의 의미를 다시 한번 곰곰이 생각해 볼 필요가 있다.

경장근의 가운데 글자인 '장'은 '장(長, Longus, 긴)', 즉 '기~~~~~~~~~~~~~~~~~~~ㄴ' 목 근육이란 뜻이다. ㅎ. 즉, 하도 길어서 '장(長, Longus, 긴)'이란 단어가 사용되었는데, 목에서 시작한 근육이 길게 가슴까지 넘어와 흉추 6번 부위까지 이어진다는 뜻이다. 그러므로 목 부분의 경장근은 목심살로 분류하지만, 가슴 부분의 경장근은 제비추리라고 따로 분류, 정형한다는 것이다. 영문 표시인 Longus colli m. 역시 'colli'가 '목'을 의미하므로 직역하여 보면 'Long neck'의 의미가 된다.

한편 위치상으로 보면 등심이 등뼈의 뒷부분(Dorsal side)을 길게 주행한다고 할 때, 경장근은 이와 대칭되게 등뼈의 앞쪽(Ventral side)을 주행한다고 볼 수 있다.

그림 241

a)

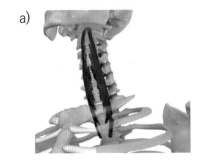

b)

머리 쪽

c)

경장근(頸長筋, Longus colli m., 긴목근)

a) 사람의 경장근. 경추와 흉추의 앞부분(Ventral side)으로 주행한다.
   (파란색 부위)

b) 소의 이분체(Half carcasses)에 있어서 경장근 = 제비추리의 위치
   (하얀색 네모 표시)

c) 정형된 제비추리. 어때, 좀 제비를 닮았나요?

　　한편 '제비추리'라는 이름 자체가 조금은 독특하면서도 예쁘게 들리는데,
혹자에 따르면 마치 제비가 날개를 편 것처럼 날씬하고 긴 모양을 닮았다고
해서, 또 다른 혹자에 따르면 생긴 모양이 마치 제비 꼬리와 비슷하다고 해서
등 몇몇 의견들이 있다(족제비를 닮으면 족제비추리?).

　　흔히 제비추리, 토시살, 안창살, 차돌박이 등등은 보통 '특수 부위'라는 이
름으로 판매가 이루어진다. 하나 지금까지 알아본 바와 같이 그리 뭐 특수한
부위도 아닐뿐더러 다 자기마다 고유 기능과 이름을 가진 근육일 뿐이다. 내
가 그 이름을 불러줄 때 내게 와서 꽃이 되는 것이다. 그런데 그 많던 제비는
어디로 간 걸까?

그림 242

마블링(Marbling)에 대한
불편한 진실과 깊은 유감(有感)

언제부터인가 소고기를 얘기할 때면, '환상적(幻想的, Fantastic)인 마블링(Marbling)'이라는 문장을 자주 접하게 되는데, 만약 소고기의 마블링을 보면서 환상이 드는 분들이라면 어떤 치료를 요하는 분들 아닐까 싶다. (Visual hallucination?)

아마 이분들이 광우병 선동 때도 촛불을 드셨던 분들 아닐까? (선동의 민족?) 아님 그때 걸린 광우병으로 아직도 소고기가 환상으로 보이는 걸까? ㅎ

그림 243

마블링이란 의미는 Marble(대리석) 무늬와 유사하게 보이는 근내 지방(근육내 지방)의 분포를 뜻하는 것으로, 그 많은 정도에 따라(육색, 지방색, 조직감, 성숙도를 포함하여) 한국의 소고기는 1++(투플러스, 흔하게 투뿔), 1+(원플러스, 흔하게 원뿔), 1, 2, 3등급, 모두 5단계 등급으로 분류한다(그림 244).

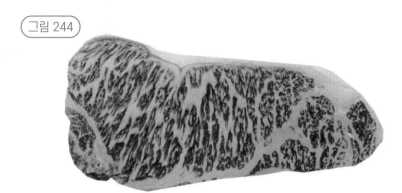

엄청난 마블링을 보여 주는 소고기

그러나 안타까운 것은 한우 1++의 경우 가장 많은 포화지방을 가지고 있음에도 불구하고, 마치 최고급의 소고기인 양 취급받는 역설적인 상황이 연출되고 있다는 점이다. 왠지 성적표도 ++(투플러스), +(원플러스), 1등급 그러면 좋아 보일뿐더러, 여기에 '환상적인 마블링과 입 안 가득한 육즙' 등의 광고, 상술이 더해지면서, 가장 몸에 안 좋은 기름 덩어리 고기가 가장 최고급의 소고기로 둔갑해 판매되고 있다는 기가 막힌 현실이라는 점이다.

또한 왠지 아래 등급의 고기를 사 먹으면 조금 없어 보이고 초라해 보이는 자존심과 삼류 고기를 사 먹는 것 같다는 가족들의 따가운 레이저 시선, 그리고 없는 형편에 객기처럼 나오는 가장의 허세까지 더해, 순 살코기(근육)가 가장 적은, 즉 가장 포화지방이 많은 기름 덩어리를 돈 들여서 가장 비싸게 사먹고 있는데, 기름 덩어리는 기름값만 받아야지 왜 비싼 살코기 값을 받느냐 말이다. 그래도 비싼 돈 내고 먹었다고, 한우 1++ 등급을 먹고 나선, 모두가 이구동성(異口同聲)으로 환상적인 마블링이 맛있다고들 하는데, 그게 기름과 돈맛이지 진정한 소고기 맛이 아닐 터. 그렇게 소기름 맛이 좋다고 해도 필자는 결코 사 먹고 싶지가 않다. (특히 내 돈 내고는…)

아시다시피 자연에서의 소의 사육은 당연히 방목해서 야생의 풀을 먹고 자라는 것이 지극히 정상이며 이렇게 자란 소를 '목초 비육(Grass-Fed) 소'라 하는데, 풀을 먹고 자란 친구라 당연히 몸에 기름이 덜 끼며(즉, 마블링이 떨어지며), 질긴 근육을 가지는 관계로 2, 3등급의 낮은 등급을 받게 된다.

그러나 여기서 반드시 기억해야 할 것이 이렇게 '핏(fit)'이 살아 있는 슬림한 소고기가 오히려 건강한 자연의 소고기란 점인데, 기름기 적고 유기농(?)으로 키운 건강한 먹거리가, '마블링 환상과 육즙 가득'이란 상술과 느끼한 소에 높은 점수를 주는 이상한 등급제로 인해, 성적 불량자 취급을 받아 저급한 소고기로 인식되고 있다는 점이다. 그나마 2, 3등급의 소고기라도 시중에서 쉽게 구할 수 있다면, 필자와 같은 얇은 지갑을 가진 분들에게 훌륭한 단백질 공급원이 될 수도 있으련만, 아마도 단가와 이익이 안 맞아서인지, 어느 소고기 매장을 가 봐도 필자로서는 엄두 내기 힘든 기름기 가득한 한우 투뿔 1++ 광고와 전시가 요란하기만 하다.

한편 이에 반해 자연적으로 잘 생기지 않는 마블링, 즉 근내 지방을 만들기 위해서는 사람도 먹기 힘든(?) 콩과 옥수수를 먹여 키워 인위적으로 근내 지방을 축적시켜야만 하는데, 이런 경우의 소를 '곡물 비육(Grain-Fed) 소'라고 한다. 오랫동안 곡물 사료를 섭취해야만 높은 마블링 등급을 받을 수 있는 관계로 이는 당연히 사육비의 증가를 가져오며, 이는 또 고스란히 1++ 등급 소고기의 가격에 반영된다. 소에게 풀 대신 곡물 사료란 사람으로 치면 밥 대신 설탕을 먹이는 것이라 하겠는데, 이마저도 거세한 소에, 좁은 우리에 가두어 극도로 운동량을 제한한 상태에서 근간뿐만 아니라 근내에까지 지방이 끼도록 곡물을 먹이는 행위는, 사람으로 치면 내시를 만들어 감옥에 가둬 놓고 살을 찌우기 위해 오로지 칼로리 높은 음식만을 먹이는 것과 같다 할 것이다.

심지어 지방 함량을 늘리기 위해 필수 영양소마저 조절하는 경우도 있는데, 수십 년 전 소고기의 무게를 늘리기 위해 소에 물을 먹여서 도축하던 것과 뭐가 다를까? (물과 옥수수는 다르다?) 이 또한 동물 학대 행위이며, 악업(惡業)이리라. 업장소멸(業障消滅) 하시길….

싸락눈이 내린 것처럼 마블링이 심한 고기가 맛있다고 느끼는 건, 수십 년간 주입되고 반복된 '마블링 숭배'에 대한 학습과 선동 효과 아닐까? 따뜻한 소기름이 그렇게 맛있는 육즙으로 느껴질까? 몸에 안 좋은 것은 확실히 맛있다고도 느껴지는데, 포화지방뿐만 아니라 숯불에 소기름이 떨어져 생기는 발암물질인 벤조피렌은 어떡해야 하나? 그렇게 기름 천지인 돼지 뱃살이 맛있다고 끝까지 우기는 것도, 가장 비싼 돼지 부위인 삼겹살을 아직도 서민의 음식이라 하는 것도, 분위기 잡고 폼 잡고 마시는 그 족보 모를 와인들이 맛있다고 강변하는 것도, 별의별 커피(별 다방?)를 만들어 먹는 것도, 사실은 계속적으로 노출된 방송이나 광고나 드라마의 모방 효과라 판단된다.

여보세요! 님들의 인생을 주체적으로 살아 보시길…. (헉. 주체사상?) 꽃등심에 잔뜩 낀 그 몸에 안 좋다는 지방이 님들에게는 아직도 꽃으로 보이십니까? (그에게로 가서 나도 그의 꽃이 되고 싶다?)

자, 그렇다면 어디서부터 잘못된 것일까? 왜? 어떻게? 지방이 잔뜩 낀 소고기가 최상품의 고기로 뒤바뀌게 되었는지, 어쩌다 이런 제도가 도입되었는지 살펴보도록 하자.

우리나라의 소고기 등급제는 '우루과이라운드 협상'에 따라 쇠고기 시장이 개방되자, 일하는 농우에서 비육우로의 전환을 통한 한우의 경쟁력을 높이기 위하여 1992년 7월 시범적으로 실시된 후 1995년 등급제가 의무화되었고, 2000년에는 99.6%로 거의 모든 소고기에 등급제가 실시되었다.

처음 등급제는 3개 등급(1, 2, 3등급)으로 시작되었는데, 이때만 해도 1등급 판정은 10% 정도에 불과했었다. 그러나 점차적인 사육 기술(?)의 발전으로 1등급 비율이 20%까지 증가하자 1등급을 좀 더 세분화하기 위하여 97

년 1+ 등급이, 이후에 1+등급 판정도 점차 늘어나자 2004년 그 위 등급인 1++ 등급이 신설되어 현재의 5등급제가 완성되었다. (참고로 미국은 1916년, 일본은 1975년에 시작하였다.)

그렇다면 외국의 소고기는 어떨까? 대표적으로 미국산 소고기는, USDA(United States Department of Agriculture, 미국 농무부) Grading System에 의해 분류되는데, 미국 역시 마블링이 심한 순서에 따라(성숙도, 육색, 근육 탄력을 포함하여) Prime, Choice, Select, Standard, Commercial, Utility, Cutter, Canner 이렇게 8등급으로 구분된다. 그러나 한국에는 30개월 미만, Choice 이상의 등급을 받은 것만이 수입되는 관계로 그 이하 등급의 미국산 소고기는 찾아보기 힘들뿐더러 이런 등급의 소고기는 대개 가공육으로 사용된다.

그림 245

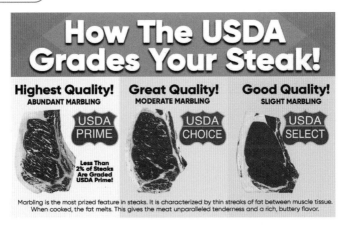

미국의 USDA 등급제

대개 소고기의 마블링은 BMS(Beef Marbling Score)라는 국제표준 지수로

파악이 가능하다. BMS란 쇠고기 근육 내의 지방의 양을 판정하는 점수 제도로서 BMS가 높으면 해당 고기의 마블링이 높다고 할 수 있다.

이때 미국산 Prime 등급은 지방 함량이 대략 10~13%인 고기를, Choice 등급은 4~10%, Select는 2~4%의 지방을 보유한 고기인데, 중요한 점은 미국산 소고기는 Choice 등급이 대다수를 차지한다는 것과 한우에 비교하여 보면 Prime 등급은 한우 1등급에, Choice 등급은 한우 2등급에, Select 등급은 한우 3등급에 해당한다는 점이다. 즉 미국산 소고기에는 한우 1+나 1++ 등급에 해당하는, 즉 그렇게 기름이 잔뜩 낀 소고기는 없다는 말이다. (날씬한 미국 소와 뚱땡이 한국 소?)

그림 246

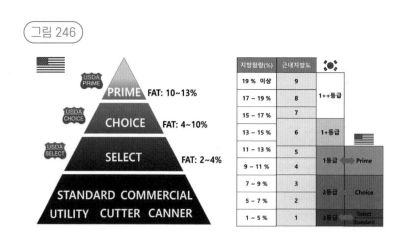

예를 들어 미국산 소고기 중 가장 근내 지방이 높다는 Prime 등급도 한우의 1+나 1++ 등급보다 지방이 적다는 점인데, 뒤집어 보면 한우 최상급 1+나 1++ 등급이란 결국 비정상적으로 기름이 잔뜩 낀 돼지(?) 같은 소라는 사실이다.

결코 한우를 비하하는 것이 절대 아니라, 수십 년 동안 그렇게 신토불이 고급화를 외쳤던 우리 한우의 고급화란, 알고 보니 인위적인 곡물 비육(Grain-

Fed) 방식에 의해 기형적으로 기름 낀 소를 생산해 내는 작업이었다는 것이다. 이렇게 지방의 함량으로 소고기 등급을 매기는 이런 잘못된 기형적인 제도가 바로 '마블링 숭배 신화'를 만들어 내게 된 것이었다.

더욱 심각한 사실은 한우 1등급에 해당하는 미국 Prime 등급의 소고기는 전체 미국 소의 2.4%에 불과하나, 한우의 경우는 1등급 이상이 전체 한우의 약 60%에 이른다는 점이다. 쉽게 말해 미국 소는 근육질 소인 데 반해 한우는 뚱뚱한 비만 소라는 말인데, 만약 100명의 학생을 신체 검사를 한 후 60명이 1등급을 받았는데, 알고 보니 하도 밥만 먹어서 근육 내에도 지방이 낀 뚱땡이 학생에게만 1등급을 주는 신체검사였다면, 이게 뚱뚱이 선발 대회지 정상적인 신체검사 평가법이라고 할 수 있을까? 미국인들은 지방이 적은 2, 3등급에 해당하는 소고기를 먹는데, 우리는 미국에서는 찾아볼 수도 없는 몸에 나쁜 기름투성이 고기를 원뿔이 어쩌고 투뿔이 저쩌고 하면서 비싸게 사먹고 있다는 것이다. 그러므로 현재의 우리의 소고기 등급 제도는 소비자나 생산자 누구에게도 불리하며(소를 포함해서), 제도가 시장을 왜곡하는 대표적인 사례라 할 수 있다.

먼저 소비자 입장에서 보면, 몸에 나쁜 소기름이 잔뜩 낀 소고기를 더 높은 등급을 받게 함으로써 그간 더 비싸게 사 먹어 왔다는 것이다. 왜 이렇게 된 것일까? 그 원인은 제일 먼저 등급제의 이름에 있다. 1등급 그러면 내신 성적 1등급, 에너지 효율 1등급, 청약 통장 1순위처럼 왠지 '가장 뛰어난', '가장 최고'라는 의미를 은연중에 가지고 있다.

여기에 1+, 1++ 그러면 대학 성적표 A+처럼 왠지 또 최고라는 의미가 더 가중되는 게 사실인데, 그러다 보면 이러한 기이한 제도를 잘 알지 못하는 99.9%의 국민들에게 1++, 1+, 1등급이란 당연히 가장 최고급의 소고기를 의미하는 것으로 보인다. 가장 기름투성이인 꼴찌 소고기에 1++을 주는 것이 과연 맞는 얘기인가? [그림 247]에서 보면 BMS에 반대로 등급을 매기는 나라는 우리나라뿐인 것 같다(즉, BMS에 따라 밑에서부터 1, 2, 3… 순으로 등급을 매기는 경우가 대다수이다).

그림 247

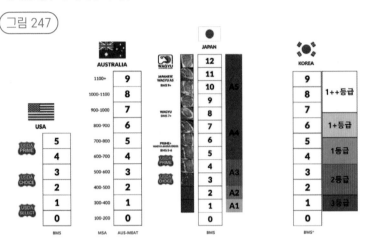

몇몇 나라 간의 소고기 등급제 비교(미국, 호주, 일본, 한국). 많은 경우 BMS에 따라 아래에서부터 등급을 매기며 올라간다. 한국만이 거꾸로 밑에서부터 3, 2, 1,.. 순으로 등급을 매기고 있으며, 그 어느 나라도 + 또는 ++라는 등급을 사용하지 않음을 알 수 있다.

결론적으로 이렇게 된 이유는 30년 전 처음 등급제 실시 때부터 거꾸로 등급을 매기는 우를 범하고, 이후 그 상위 등급을 만들 때도 전면적 개정이 아닌 1+니 1++니 하는 땜질 개편을 하는 바람에, 세계 그 어느 나라에도 없는 괴이한 등급제가 출현하게 된 것이다. 필자가 알기론 그 어느 나라도 1+니 1++니 하는 기형적인 등급제가 없는 것으로 알고 있는데, 그래도 끝까지 우리나라의 독특한 'K-등급제'라고 빡빡 우기는 분들에게, 필자도 하나 물어보고 싶은 게 있다.

'1+에 1++을 더하면 3이 되나요?' (현문우답, 賢問愚答)

단추를 잘못 끼웠으면 조금이라도 빨리 다시 끼워 출발하는 것이 백번 나은 일이다. 지금이라도 [그림 248]과 같이 개정한다면 기름기 가득 찬 1, 1+, 1++ 등급 고기를 최상급 고기인 것처럼 국민을 기만하고 국민 건강을 해치는 행태가 바로잡히게 될 것이며, 이것이 바로 일반 국민들이 건강한 소고기를 선택할 수 있도록 하는 첫걸음이 될 것이다. 마블링이라는 허상을 버리고, 더 건강한 근육질 소가 더 높은 등급을 받는 정상적인 제도가 도입될 때, 우리의 건강도 더 좋아지게 될 것이다.

그림 248

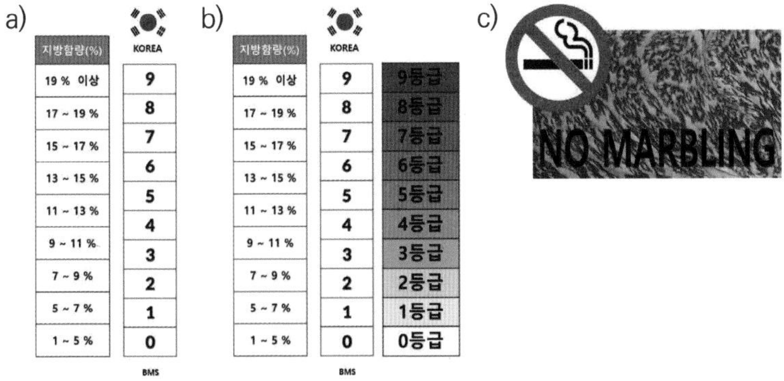

필자가 생각해 본 한우 등급제(광수 생각?)

a) 그냥 지방 함량을 %로 표기하자. 아니면 BMS를 병기하면 된다.

b) 그래도 꼭 등급을 매기려면 BMS를 그대로 등급으로 사용하면 된다.

c) 진정으로 국민 건강을 생각한다면, 담뱃갑에 표시하듯 마블링이 심한 고기에는 경고 문구와 그림을 넣어야 하지 않을까? (1++등급 담배?)

그렇다면 생산자 입장에서 현재의 등급제는 어떨까? 당연히 높은 수입을 위해서는 1++ 등급을 최대한 많이 생산해야 하는데, 1++ 등급의 지방은 그냥은 만들어지지 않는다. 바로 많은 곡물 사료를 장기간 먹어야만 한다. 미국 등의 경우에는 마블링이 중요하지 않으므로 짧은 기간(20~22개월)에 도축하며, 이에 따라 사룟값과 생산 원가가 절약된다. 그러나 한우가 1++ 등급의 지방을 가지려면 대개 30~31개월간 곡물 사료를 먹여 가며 키워야 하는데, 이는 수입산에 비해 거의 1년 정도 더 사룟값을 지출해야만 한다는 의미다. 그러므로 현재 마블링 위주의 등급제는 시간과 비용이라는 측면에서 생산자 입장에서도 결코 반갑지 않은 제도이다.

그렇다면 소의 입장은 어떨까? 거세당하고 운동도 못 하도록 좁은 우리에 갇혀서, 살이 뒤룩뒤룩 찌도록 정상적인 밥(풀)이 아니라 고칼로리 곡류만으로 사육당하는 우리의 불쌍한 한우. 인간에게 먹히기 위해 태어나고 사육당하는 것도 서러운 일인데, 이제는 이런 몹쓸 대접까지? 아, 지금의 소고기 등급제란 이 가련한 피조물(被造物)을 두 번 죽이는 행위가 아닐까? 이전에는 물을 먹여 죽이더니, 이번에는 기름투성이 소를 만들어 잡아먹다니? 이럴 때 동물 복지란 정말 호사일 뿐일까?

한편 각종 심혈관 질환의 원인인 포화지방이 가득한 마블링을 최고급의 소고기로 둔갑시키는 이러한 제도와 세태는 한국인들의 건강에 대한 역설과 모순과 국민 기만의 대표적인 사례라 하겠는데, 마블링이 많은 고기에서 '입안 가득한 육즙'이란 '입안 가득한 포화지방'이란 뜻이며, '입에서 살살 녹는 1++ 소고기'란 '입안 가득 녹아 있는 포화지방'이라는 의미인 것이다.

그러나 시장과 제도는 국민 건강을 위해 만들어지는 것 같지는 않다. 최근에 변경된 새로운 소고기 등급제에 따르면 뭐가 많이 좋아졌다는 자화자찬(自畵自讚, Self?)의 홍보뿐인데, 필자가 보기에는 더 복잡하게 나열했을 뿐, 기름기 확 낀 소고기가 1++ 등급이라는 것에는 전혀 변함이 없다.

그림 249

새로 변경된 소고기 등급제

주 변경 내용을 보면,

1) 기존 근내지방도 8과 9일 때 1++ 등급으로 판정하던 것을 근내지방도 7을 또 3등분하여(7^0, 7^+, 7^{++}) 위의 7^+와 7^{++}을 포함, 즉 7^+, 7^{++}, 8, 9를 1++ 등급으로 판정하는 것으로 바꾸고

2) 기존 근내지방도 6과 7일 때 1+ 등급으로 판정하던 것을 근내지방도 5를 또 3등분하여(5^0, 5^+, 5^{++}) 위의 5^{++}을 포함, 즉 5^{++}, 6, 7^0를 1+ 등급으로 판정하는 것으로 바꾸고

3) 근내지방도 우선 평가 방식에서 타 항목 평가 기준을 강화하고

4) 기존 1++ 등급 표시를 1++(근내지방도 7, 8, 9) 병행표시 하는 것으로 바꾼다는 것이 핵심이다.

그러나 사실 몇 번을 읽어 봐도 무슨 말인지 잘 와닿지가 않는데, 이를 다시 정리하여 보면 1++ 등급과 1+ 등급을 하향 조정하였다는 것이다.

그림 250

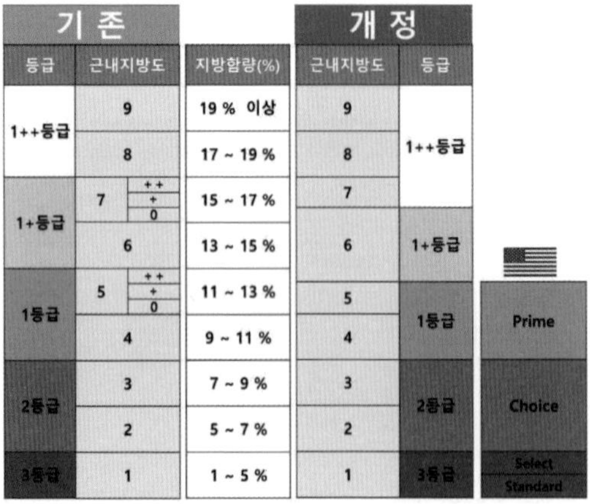

2019년도 개정된 소고기 등급제의 전후 비교
전반적으로 1++등급과 1+등급이 하향 조정된 것으로 정리할 수 있다.

즉, 1++ 등급을 받는 지방 함량 기준을 기존 17%에서 15.6%로 낮추고, 1+ 등급을 받는 지방 함량 기준을 기존 13%에서 12.3%로 낮추었다는 것이다. 언뜻 들으면 지방 함량이 낮아졌으니까 뭐 몸에 좋은 게 아닐까 하는 엉뚱(?)한 생각이 들 수도 있으나, 사실의 내용은 이렇다. 기존 한우가 1++ 등급을 받기 위해서는 30개월 이상을 키워야 했기 때문에 사육비가 많이 들었으나, 이제 지방 함량을 15.6%로 낮추었으니까, 아직 어린 소라도 15.6%만 넘으면 1++ 등급을 받을 수 있어 빠른 도축이 가능하도록 했다는 것이다. 즉, 사육비를 줄이기 위해 어린 소도 빨리 도축할 수 있도록 했다는 것이지 뭐 건강에 해로운 지방 함량을 낮추었다는 뜻은 전혀 아니다.

또한 타 항목 평가 기준을 강화했다는 것은 마블링에 대한 비판 의식이 커지자 육색, 지방색, 조직감 등의 다른 항목의 평가를 강화했다는 것인데, 아직도 근내지방도가 주 평가 기준임은 변화가 없으며, 기존에는 '1++ 등급', '1+ 등급' 식으로 단독으로 표기하였는데, '1++(9)'와 같이 '근내지방도 등급'을 같이 표기하겠다는 것이다.

생산 농가의 경쟁력을 높이고, 소비자의 선택 기준을 넓히도록 했다는 것이 등급 기준 개정의 취지라고 하는데, 필자의 판단으로는 소비자의 선택 기준을 더 헷갈리게 만들고, 복잡하게 만든 또 하나의 땜질 개정이라고 혹평하고 싶다.

그 이유를 열거하여 보면,

1) 기름(근내지방도)이 많은 고기를 마치 몸에 좋고, 최상급의 고기인 양 판단케 하는 1++, 1+, 1, 2, 3등급의 체계는 변함이 없으며

2) '1++(9)'와 같이 '등급(근내지방도)'을 같이 표기한들 대개 '(9)'의 의미를 아는 소비자는 거의 없을 텐데, 오히려 '1++(9)'와 같이 표기하게 되면, 이것이 또다시 마케팅 상술에 의해 또 다른 옥상옥(屋上屋)을 만들 가능성이 있게 된다.

일례로 이전에는 '투뿔(1++)' 소고기를 먹었으면 최고의 대접이나 선물 세트를 받은 것으로 알았지만, 아마도 앞으로는 '1++(7)' 소고기라면 조금 떨어진 선물 세트로, '1++(9)'를 받으면 최고의 소고기로 평가하는 분위기가 만들어질 수도 있으며, 이렇게 되면 생산자들은 '1++(9)' 소고기를 생산하기 위해 또다시 무한 경쟁으로 빠질 수밖에 없고, 이 와중에 결국 생산자, 소비자, 그리고 소까지 더 힘든 세상을 보내야만 할 수도 있다. (To infinity and beyond!)

마지막으로 마블링을 정리하면서 필자가 꼭 한마디 한다면 '그냥 심플하게 가면 안 될까?'라고 말하고 싶다. 그냥 이렇게 간단하게 표기하고 국민 건강을 위한 첨언도 붙여 주었으면 한다.

> '이 소고기의 지방 함량은 19%입니다. 과다한 소 지방 섭취는 동맥경화를 비롯한 각종 성인병의 원인이 됩니다. 건강을 위해서 마블링이 심한 고기의 섭취를 자제해 주세요.'라고 말이다.

학력고사나 이전의 수능처럼 멀쩡했던 대학 입시 제도를 갖은 이유를 대면서 수시니 정시니 하는 지금의 제도로 바꾸고 나니, 그래 뭐 세상이 많이 좋아졌습니까? 지금과 같이 복잡하게 헷갈리는 대학 입시 제도라면 저 같은 사람은 아예 대학 입학도 못 했을 것 같아요. 이와 똑같이 지금과 같은 소고기 등급 기준이라면 저같이 머리 나쁜 사람은 한우도 못 사 먹을 것 같아요. 존재가 의식을 결정하고, 제도가 사회를 변화시킵니다. 법과 제도를 무책임하게 만들어 놓으면, 그 피해는 고스란히 국민이 겪게 됩니다.

소고기 육회에 대한 우려,
〈무구조충(無鉤條蟲) 감염증〉

필자가 국민학교를 다니던 시절인 70년대 초반만 해도 기생충 감염이 매우 흔했고, 채변 검사 후 2~3주가 지나면 선생님께서 교실 전체 학생에게 "다들 눈 감아라! 지금부터 기생충 약 먹어야 하는 사람은 내가 지나가면서 한 명씩 조용히 나오라 할 테니까, 그 학생들은 일어나서 복도에 나가 줄 서 있도록!" 했었다. 그 옛날에도 기생충 걸린 학생들 이름을 교탁에서 대놓고 부르면 친구들에게 창피하리라 생각하고서 이렇게 배려해 주시곤 했었는데. 다들 눈 감으라 했었지만 몰래 살짝 실눈을 뜨고 복도로 나가는 친구들을 세어 보면 대략 반 친구들의 절반이 넘곤 했었다.

이 무렵에 교실과 복도에 걸린 표어 중 몇 개를 나열해 보자면, 당연히 '반공방첩'과 더불어 '손을 깨끗이 씻자', '물을 끓여 먹자', '민물고기를 날로 먹지 말자', '소고기, 돼지고기는 반드시 익혀 먹자' 등이 있었다. 이 중에 민물고기와 소, 돼지고기는 반드시 익혀 먹자는 표어 아래에는 이 고기들을 날로 먹을 때 걸리는 기생충들의 그림과 사진이 인쇄된 커다란 포스터들이 학교 곳곳에 걸려 있었는데, 어린 국민학생의 입장에서 보면 참으로 징그럽기도 하거니와, 끓여 먹으면 괜찮다는데 왜들 날로, 생으로 먹어서 저런 기생충에 감염될까 하는 생각도 많이 들곤 했었다.

이제는 다 사라진 풍경이며 질환이지만, 그 당시에는 그만큼 흔한 질환이었고, 당시의 구충제로는 모든 기생충에 효과가 있는 것도 아니어서, 민물고기를 날로 먹어서 생기는 디스토마 감염과 소, 돼지고기를 날로 먹어서 생기는 촌충 감염은 치료가 아주 힘들었을 뿐만 아니라 그 합병증이 심각했었고, 90년대 초반까지만 해도 가끔 이런 기생충 감염을 접할 수 있었다. 그러나 4~50년이 지난 지금에는 아주 찾아보기 힘든 질환이 되었는데, 이러한 극적인 감소의 이유는 바로 과학적 사고와 지식의 발전, 그리고 이에 따른 여러 위생 관념의 변화라 할 것이다. 즉, 인분의 위생적 처리와 화학 비료 사용, 끓여 먹고 익혀 먹는 방식으로의 식생활의 변화 등이 아주 큰 역할을 했다 하겠다.

그러나 요즘에 이르러 소고기를 육회로 먹는 문화가 발전하고 있다는 점은 조금은 우려스러운 부분으로 판단된다. 물론 소와 소고기의 위생적 처리 덕분에 이전과 달리 소고기를 날로 먹어서 기생충 감염이 될 확률은 현저히 낮고 극히 드물지만, 필자가 경계코자 하는 바는 소고기를 날로 먹어도 아무 문제가 없다는 이런 인식이 점점 확대된다는 점이다. 요즘과 같은 우리 국민의 잦은 해외여행을 고려해 볼 때 현지에서 혹시라도 비위생적으로 조리된 소고기를 먹는 경우도 생기게 되는데, 소, 돼지고기를 날로 먹었을 때 생기는 그 합병증은 참으로 끔찍한 관계로 소고기를 날로 먹어도 아무 일이 없다는 이러한 인식만큼은 바로잡아야 하지 않을까 싶다. 이에 《소고기의 과학적 인문학》을 마무리 지으면서 소고기를 익히지 않고 먹었을 때 걸리게 되는 무구조충(無鉤條蟲) 감염증에 대하여 잠시 살펴보도록 하겠다.

무구조충(無鉤條蟲) 감염증

무구조충(無鉤條蟲, Taenia saginata, Beef tapeworm) = 민촌충(~寸蟲)

무구조충이란 잘못하면 입이 없는(無口) 조충으로 생각할 수 있겠는데, 절대 그렇지 않다. 한자 이름을 살펴보면 '無鉤條蟲'으로, 각각의 한자를 찾아보면 無(없을 무), 鉤(갈고리 구), 條(끈 조, 끈 도), 蟲(벌레 충)이란 글자가 사용되며, 그 뜻풀이를 하여 보면 '갈고리가 없는 끈(같은) 벌레'라는 뜻이다. 그래서 민촌충(~寸蟲)이라고도 불리운다. 전체적인 모양은 여러 개의 작은 마디(편절, 片節, Proglottid)가 이어진 형태로 기다란 끈(條)을 닮았는데, 條라는 한자가 '끈 조' 혹은 '끈 도' 두 가지로 읽히는 관계로 이런 유의 기생충들은 '조충' 혹은 '도충'이라고 한다. 과거에는 흔하게 촌충(寸蟲, 마디 촌, 벌레 충)이라 불렀는데, 이는 과거에 전체 기생충의 모양을 모르는 상태에서 배변 시 빠져나오는 작은 마디(편절, 片節, Proglottid)만을 보고서, 마디 하나하나가 완전한 충체인 것으로 오인하여 붙여진 이름으로 사실은 잘못된 명명이다.

한편 라틴어 학명은 Taenia saginata로 Taenia(=headband, 머리띠) + saginata(=fattened, 살찐, 뚱뚱한)이므로 '뚱뚱한 머리띠'처럼 생긴 이 기생충의 모양을 딴 명명이며, 영문 이름은 Beef tapeworm으로, 각 이름을 종합하여 보면 '소고기로부터 감염되는 갈고리가 없는 테이프나 끈처럼 보이는 벌레'라는 뜻이 되겠다. (뚱뚱하다 해도 납작한 끈처럼 보이는 편형동물에 해당한다.)

그림 251

a)

b)
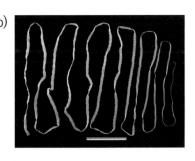

a) Taenia(=headband, 머리띠, 빨간색 부분) 고대 그리스인들이 두르던 머리띠

b) 무구조충 표본 〈Wikipedia에서 인용〉

한편, 갈고리가 없는 조충이 무구조충(無鉤條蟲)이라면 반대로 갈고리가 있는 조충도 있지 않을까? 맞다. 갈고리가 있는 조충은 유구조충(有鉤條蟲, Taenia solium)으로 돼지고기를 통해 감염되는 기생충으로 '갈고리촌충'이라고도 불린다. 라틴어로 Solium은 'Chair, Throne(자리, 왕좌)'를 의미하는데, 아마도 머리(두절)에 있는 갈고리가 마치 왕관(Crown)을 닮아서 이렇게 명명되었다는 주장이 있다(코로나바이러스의 Corona 역시 '왕관'을 의미한다).

그림 252

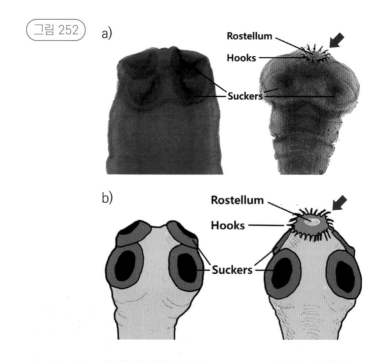

무구조충(無鉤條蟲, Taenia saginata, 좌측)과 유구조충(有鉤條蟲, Taenia solium, 우측)

a) 현미경으로 관찰된 사진. 무구조충이나 유구조충은 공통적으로 유사한 모양의 4개의 흡반(Sucker)을 가지나, 유구조충만이 특징적인 갈고리(Hook, 파란색 화살표)를 가짐을 알 수 있다.

b) 이해를 돕기 위한 모식도

다시 원래의 주제인 무구조충에 대하여 살펴보면, 무구조충은 그 길이가 3~8m에 이를 정도로 길며, 드물게는 10m를 넘는 경우도 보고되고 있다. 성충은 사람 소장에서 20년 정도 기생이 가능한데, 그 형태는 반구형 흡반(Sucker)을 4개 가지는 머리에 해당하는 1mm 정도의 두절(Scolex)과 목(Neck), 미성숙 편절(Immature Proglottid), 성숙 편절(Mature Proglottid), 수태 편절(Gravid Proglottid)로 이루어진 수백에서 수천 개의 마디(편절, 片節, Proglottid)로 구성되어 있다.

그림 253

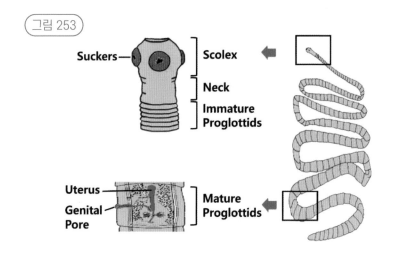

소고기를 육회나 생으로 섭취한 경우에 감염되며, 사람만이 유일한 종숙주이므로 사람 장내에서 성충으로 성장하면 편절 하나마다 있는 자궁에 충란이 가득 차게 되고, 몸체에서 떨어져 나올 때 이 편절이 찢어지면서 충란(알)이 배출되면 사람 대변을 통해 몸 밖으로 배설된다. 한편 소가 사람 대변으로 오염된 풀을 뜯어 먹을 때 이 충란을 섭취하게 되면 소의 근육이나 조직에서 무구낭미충(無鉤囊尾蟲, Cysticercus bovis: 작은 주머니 안에 두절(Scolex)이 들어있는 유충 단계)으로 성장하게 되고, 이 낭미충이 있는 소고기를 날로 섭취하게

되면 다시 사람에게 감염이 일어나게 된다. 즉, 사람(성충)-대변(충란)-소(낭미충)-사람(성충)으로의 감염 고리가 이어지게 되는 것이다.

그림 254

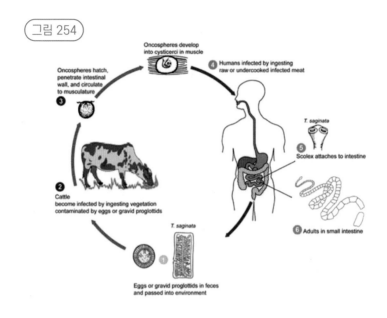

무구조충의 감염 고리

무구조충은 길이도 길고 부피도 매우 큰 기생충임에도 경미한 상복부 통증, 복부 불쾌감, 식욕부진 등의 증상에 그치지만, 돼지가 옮기는 유구조충의 경우에는 그 문제가 심각한데, 특히 유구낭미충증 같은 경우에는 간질 등과 같은 끔찍한 합병증과 후유증을 남기기도 한다. 그러므로 소고기뿐만 아니라 특히 돼지고기의 경우에는 반드시 잘 익혀 먹어야 하는 것이다.

더불어 흥미로운 점은 소고기의 낭미충은 익히는 것뿐만 아니라 영하 10℃에서 5일간 냉동시켜도 사멸시킬 수 있다는 점인데, '얼리지 않은' 또는 '바로 도축한 싱싱한' 소고기(낭미충?) 등의 광고에 혹할 것이 아니라, 꽁꽁 얼린 냉동 수입육이 훨씬 안전하지 않을까(?). 자동차도 수입차를 좋아하지 않던가?

한편 두절(Scolex)이 완전히 배출되지 않는 한 계속적인 기생이 일어나므로 과거에는 이러한 조충 감염의 박멸이 쉽지 않았지만, 현재에는 Praziquantel이라는 약제의 출현으로 효과적인 치료가 가능하게 되었다.

마지막으로 이러한 기생충도 잘 익혀 먹으면 영양가 있는(?) 단백질에 불과한데, 그럼에도 불구하고 맛을 위해 꼭 육회로, 꼭 생으로, 꼭 날로 드셔야겠다는 분들에게는 꼭꼭(?) 씹어서 드시기를 권해 본다. 아마도 그 맛은 기생충의 육사시미 맛일 테니까…. 육사시미 비빔밥은 어떠실는지?

■ 나가며

　이상으로 《소고기의 과학적 인문학》을 마칠까 한다. 그동안 살펴보았듯이 '소'라는 짐승 역시 생명체인 관계로 진화 과정에서 사람과의 여러 유사성이 보임과 동시에 몇 가지 독특한 차이점을 가지고 있음을 알 수 있다(Diversity and Convergence).

　모든 과학은 관찰로부터 시작된다. 그냥 흔하게 국거리용, 불고기용으로 생각했던 소고기일 수도 있지만 관심과 관찰, 그리고 인체 근육과의 비교, 분석, 고찰을 하다 보면, 소의 고기와 인체의 근육 간에 많은 부분이 상통함을 알게 되고, 또 이는 우리 인체의 구조를 이해하는 데도 많은 영감을 주게 된다. 내가 그의 이름을 불러 줄 때 그는 나에게로 와서 꽃이 될 것이다.

　아무쪼록 이 책이 독자분들의 과학적인 사고와 판단, 인문학적인 여유와 깨달음에 미력하나마 아주 작은 도움이 되었으면 하는 바람과 그 어떤 분에게는 꼭 필요한 그런 책이 되었으면 하는 욕심을 가져 본다.

2023. 5. 이팝나무가 정말 하얗게 핀 봄날에

M.D., D.D.S., Ph.D 박희찬

8612822@daum.net

■ 첨 부

- 식육의 부위별·등급별 및 종류별 구분 방법
- 「농림수산부 고시 제1995-114호(1996. 1. 4, 제정)」
- 「농림부 고시 제2007-82호(2007. 12. 10, 개정)」
- 「농림수산식품부 고시 제2009-49호(2009. 6. 10, 개정)」
- 「농림수산식품부 고시 제2010-136호(2010. 12. 29, 개정)」
- 「농림수산식품부 고시 제2011-50호(2011. 6. 1, 개정)」
- 「식품의약품안전처 고시 제2013-153호(2013. 4. 5, 개정)」

* 쇠고기 및 돼지고기의 분할상태별 부위 명칭 중 쇠고기 부분만을 발췌,
  정리함

쇠 고 기	
대분할 부위명칭	**소분할 부위명칭**
◦ **안 심**	– 안심살
◦ **등 심**	– 윗등심살
	– 꽃등심살
	– 아래등심살
	– 살치살
◦ **채 끝**	– 채끝살
◦ **목 심**	– 목심살
◦ **앞다리**	– 꾸리살
	– 부채살
	– 앞다리살
	– 갈비덧살
	– 부채덮개살
◦ **우 둔**	– 우둔살
	– 홍두깨살
◦ **설 도**	– 보섭살
	– 설깃살

	– 설깃머리살
	– 도가니살
	– 삼각살
◦ 양 지	– 양지머리
	– 차돌박이
	– 업진살
	– 업진안살
	– 치마양지
	– 치마살
	– 앞치마살
◦ 사 태	– 앞사태
	– 뒷사태
	– 뭉치사태
	– 아롱사태
	– 상박살
◦ 갈 비	– 본갈비
	– 꽃갈비
	– 참갈비
	– 갈비살
	– 마구리
	– 토시살
	– 안창살
	– 제비추리
10개 부위	**39개 부위**

별표2

* 쇠고기 및 돼지고기의 부위별 분할 정형 기준 중 쇠고기 부분만을 발췌,
정리함

쇠고기의 부위별 분할 정형 기준

° **대분할육 정형**

부위명칭	분 할 정 형 기 준
안 심	허리뼈(요추골) 안쪽의 신장 지방을 분리한 후 치골 하부와 평행으로 안심머리 부분을 절단한 다음, 장골 및 허리뼈를 따라 장골허리근, 작은허리근(소요근) 및 큰허리근(대요근)을 절개하고 지방 덩어리를 제거 정형한다.
등 심	도체의 마지막 등뼈(흉추)와 제1허리뼈(요추) 사이를 직선으로 절단하고, 배최장근의 바깥쪽 선단 5cm 이내에서 2분체 분할 정중선과 평행으로 절개하여 갈비 부위와 분리한 후, 등뼈와 목뼈(경추)를 발골하고 제7목뼈와 제1등뼈 사이에서 2분체 분할 정중선과 수직으로 절단하여 생산한다. 어깨뼈(견갑골) 바깥쪽의 넓은등근(광배근)은 앞다리 부위에 포함시켜 제외시키고, 과다한 지방 덩어리를 제거 정형하며 윗등심살, 꽃등심살, 아래등심살, 살치살이 포함된다.
채 끝	마지막 등뼈(흉추)와 제1허리뼈(요추) 사이에서 제13갈비뼈(늑골)를 따라 절단하고 마지막 허리뼈와 엉덩이뼈(천추골) 사이를

290

절개한 후 장골 상단을 배바깥경사근(외복사근)이 포함되도록 절단하며, 제13갈비뼈 끝부분에서 복부 절개선과 평행으로 절단하고, 배최장근의 바깥쪽 선단 5cm 이내에서 2분체 분할정중선과 평행으로 치마양지 부위를 절단·분리해내며, 과다한 지방을 제거 정형한다.

목 심	제1~제7목뼈(경추) 부위의 근육들로서 앞다리와 양지 부위를 제외하고, 제7목뼈와 제1등뼈(흉추) 사이를 절단하여 등심 부위와 분리한 후 정형한다.
앞다리	상완골을 둘러싸고 있는 상완두갈래근(상완이두근), 어깨 끝의 넓은등근(광배근)을 포함하고 있는 것으로 몸체와 상완골 사이의 근막을 따라서 등뼈(흉추) 방향으로 어깨뼈(견갑골) 끝의 연골 부위 끝까지 올라가서 넓은등근(활배근) 위쪽의 두터운 부위의 1/3지점에서 등뼈와 직선되게 절단하고, 발골하여 사태 부위를 분리해 내어 생산하며 과다한 지방을 제거 정형하고, 꾸리살, 부채살, 앞다리살, 갈비덧살, 부채덮개살이 포함된다.
우 둔	뒷다리에서 넓적다리뼈(대퇴골) 안쪽을 이루는 내향근(내전근), 반막모양근(반막양근), 치골경골근(박근), 반힘줄모양근(반건양근)으로 된 부위로서 하퇴골 주위의 사태 부위를 제외하여 생산하며 우둔살, 홍두깨살이 포함된다.
설 도	뒷다리의 엉치뼈(관골), 넓적다리뼈(대퇴골)에서 우둔 부위를 제외한 부위이며 중간둔부근(중둔근), 표층둔부근(천둔근), 대퇴두갈래근(대퇴이두근), 대퇴네갈래근(대퇴사두근) 등으로 이루어진 부위로서 인대와 피하지방 및 근간지방 덩어리를 제거 정형하며 보섭살, 설깃살, 설깃머리살, 도가니살, 삼각살이 포함된다.

양 지	뒷다리 하퇴부의 뒷무릎(후슬) 부위에 있는 겸부의 지방 덩어리에서 몸통피부근(동피근)과 배곧은근(복직근)의 얇은 막을 따라 뒷다리 대퇴근막긴장근(대퇴근막장근)과 분리하고, 복부의 배바깥경사근(외복사근)과 배가로근(복횡근)을 후4분체에서 분리하여 치마양지 부위를 분리한다. 전4분체에서 늑연골, 칼돌기연골(검상연골), 가슴뼈(흉골)를 따라 깊은흉근(심흉근), 얕은흉근(천흉근)을 절개하여 갈비 부위와 분리하고, 바깥쪽 경정맥을 따라 쇄골머리근(쇄골두근), 흉골유돌근을 포함하도록 절단하여 목심 부위와 분리시켜 지방 덩어리를 제거 정형하여 생산하며 양지머리, 차돌박이, 업진살, 업진안살과 채끝 부위에 연접되어 분리된 복부의 치마양지, 치마살, 앞치마살이 포함된다.
사 태	앞다리의 전완골과 상완골 일부, 뒷다리의 하퇴골을 둘러싸고 있는 작은 근육들로서 앞다리와 우둔 부위 하단에서 분리하여 인대 및 지방을 제거하여 정형하며 앞사태, 뒷사태, 뭉치사태, 아롱사태, 상박살이 포함된다.
갈 비	앞다리 부분을 분리한 다음 갈비뼈(늑골) 주위와 근육에서 등심과 양지 부위의 근육을 절단 분리한 후, 등뼈(흉추)에서 갈비뼈를 분리시킨 것으로서 갈비뼈를 포함시키고, 과다한 지방을 제거 정형하며 본갈비, 꽃갈비, 참갈비, 갈비살, 마구리를 포함한다. 대분할 구분의 특성상 토시살, 안창살, 제비추리도 동 부위에 포함하여 분류한다.

◦ 소분할육 정형

대분할 부위명칭	소분할 부위명칭	분 할 정 형 기 준
안 심	안심살	큰허리근(대요근), 작은허리근(소요근), 장골근으로 구성되며 허리뼈(요추)와의 결합조직 및 표면지방을 제거하여 정형한 것
등 심	윗등심살	대분할된 등심 부위에서 제5등뼈(흉추)와 제6등뼈 사이를 2분체 분할정중선과 수직으로 절단하여 제1등뼈에서 제5등뼈까지의 부위를 정형한 것
	꽃등심살	대분할된 등심 부위에서 제5~제6등뼈(흉추) 사이와 제9~제10등뼈 사이를 2분체 분할정중선과 수직으로 절단하여 제6등뼈에서 제9등뼈까지의 부위를 정형한 것
	아래등심살	대분할된 등심 부위에서 제9등뼈(흉추)와 제10등뼈 사이를 2분체 분할정중선과 수직으로 절단하여 제10등뼈에서 제13등뼈까지의 부위를 정형한 것
	살치살	윗등심살의 앞다리 부위를 분리한 쪽에 붙어있는 배쪽톱니근(복거근)으로 윗등심살 부위에서 배최장근과의 근막을 따라 분리하여 정형한 것
채 끝	채끝살	허리최장근(요최장근), 장골늑골근(장늑근), 뭇갈래근(다열근)으로 구성되며 대분할 채끝 부위와 같은 요령으로 등심에서 분리하여 표면지방을 5mm이하로 정형한 것

목 심	목심살	머리 및 환추최장근, 반가시근(반극근), 널판근(판상근), 목마름모근(경능형근), 목가시근(경극근), 긴머리근(두장근), 상완머리근(상완두근) 및 긴목근(경장근)으로 구성되어 있는 제1~제7목뼈(경추) 부위의 근육들로서 양지, 앞다리 부위를 분리한 후 제7목뼈와 제1등뼈(흉추) 사이에서 직각으로 절단하여 등심 부위와 분리하고 지방을 정형한 것
앞다리	꾸리살	어깨뼈(견갑골) 바깥쪽 견갑가시돌기 상단부에 있는 가시위근(극상근)으로 견갑가시돌기를 경계로 하여 부채살에서 근막을 따라 절단하여 정형한 것
	부채살	어깨뼈(견갑골) 바깥쪽 견갑가시돌기 하단부에 있는 가시아래근(극하근)으로 앞다리살, 꾸리살 부위와 근막을 따라 분리 정형한 것
	앞다리살	어깨뼈(견갑골) 안쪽 부분과 상완골을 감싸고 있는 근육들로 앞다리 부위에서 꾸리살, 부채살, 부채덮개살, 갈비덧살 부위를 제외한 부분을 분리 정형한 것
	갈비덧살	앞다리 대분할시 앞다리에 포함되어 분리된 넓은등근(활배근)으로 앞다리살 부위와 분리한 후 정형한 것
	부채덮개살	어깨뼈(견갑골) 안쪽에 있는 견갑오목근(견갑하근)으로 대분할 앞다리 부위에서 분리 정형한 것
우 둔	우둔살	뒷다리 엉덩이 안쪽의 내향근(내전근), 반막모양근(반막양근)으로 우둔 안쪽 부위 근막을 따라 반힘줄모양근(반건양근)과 분리한 후 정형한 것

	홍두깨살	뒷다리 안쪽의 홍두깨 모양의 단일근육으로 반힘줄모양근(반건양근)이며, 우둔 안쪽 부위 근막을 따라 우둔살과 분리한 후 정형한 것
설 도	보섭살	뒷다리의 엉덩이를 이루는 부위로 엉치뼈(관골)를 감싸고 있는 중간둔부근(중둔근), 표층둔부근(천둔근), 깊은둔부근(심둔근) 등으로 이루어져 있으며, 엉치뼈, 넓적다리뼈(대퇴골)를 제거한 뒤 대퇴관절(고관절)에서 엉치뼈의 장골과 좌골면을 기준으로 도가니살과 설깃살을 분리한 후 정형한 것
	설깃살	뒷다리의 바깥쪽 넓적다리를 이루는 부위로 대퇴두갈래근(대퇴이두근)으로 이루어져 있으며, 대퇴골 부위에서 보섭살, 삼각살 및 도가니살을 분리한 후 정형한 것
	설깃머리살	대퇴두갈래근(대퇴이두근)의 상단부(삼각 형태)를 설깃살에서 분리 정형한 것
	도가니살	뒷다리 무릎뼈(슬개골)에서 시작하여 넓적다리뼈(대퇴골)를 감싸고 있는 근육 부위로 대퇴네갈래근(대퇴사두근)으로 이루어져 있으며, 뒷다리 설도부위에서 보섭살, 삼각살, 설깃살과 설깃머리살 부위를 분리한 후 정형한 것
	삼각살	뒷다리의 바깥쪽 엉덩이 부위로 대퇴근막긴장근(대퇴근막장근)으로 이루어져 있으며, 보섭살과 도가니살에서 분리한 후 정형한 것

양 지	양지머리	제1목뼈(경추)에서 제7갈비뼈(늑골) 사이의 양지 부위 근육들로 차돌박이 주변 근육을 포함하며, 목심과 갈비 부위에서 분리한 후 정형한 것
	차돌박이	제1갈비뼈(늑골)에서 제7갈비뼈 하단부의 희고 단단한 지방을 포함한 근육 부위로 폭을 15cm 정도로 하여 양지머리에서 분리한 후 정형한 것
	업진살	제7갈비뼈(늑골)에서 제13갈비뼈 하단부까지의 연골 부위를 덮고 있는 근육들에서 차돌박이 부위를 제외하고 갈비와 분리하여 정형한 것
	업진안살	제7~제12갈비뼈(늑골) 복강 안쪽에 위치하는 배가로근(복횡근)만으로 이루어진 부위로 가늘고 길며 얇은 판 형태를 이루고 있으며 업진살 부위에서 분리 정형한 것
	치마양지	제1허리뼈(요추)에서 뒷다리 관골 절단면까지 복부 근육들로 배속경사근(내복사근), 배곧은근(복직근), 배바깥경사근(외복사근)과 몸통피부근(동피근)이 주를 이루며, 채끝 부위 배최장근 복강쪽 5cm 지점에서 2분체 분할정중선과 수평으로 절단하여 정형한 것
	치마살	치마양지 부위에서 배속경사근(내복사근)만을 분리하여 정형한 것
	앞치마살	제3~제6허리뼈(요추)까지의 복부절개선 방향에 위치하는 배곧은근(복직근)을 분리 정형한 것으로 타원형의 판 형태를 이루고 있으며 치마양지에서 분리한 것

사 태	앞사태	앞다리의 전완골과 상완골 일부를 감싸고 있는 여러 근육들로 근막을 따라 앞다리에서 분리 정형한 것
	뒷사태	뒷다리의 하퇴골을 싸고 있는 여러 근육들로 근막을 따라 우둔에서 분리 정형한 것
	뭉치사태	넓적다리뼈(대퇴골) 하단부의 무릎관절(슬관절)을 감싸고 있는 장딴지근(비복근)으로 된 부위로서 뒷사태와 분리 정형한 것
	아롱사태	뭉치사태 안쪽에 있는 단일근육이며 얕은뒷발가락굽힘근(천지굴근)으로서 아킬레스건에 이어진 근육을 따라 뭉치사태 하단부에서 상단부까지 절개 후 분리 정형한 것
	상박살	앞다리 상완골을 감싸고 있는 상완근을 앞사태에서 분리 정형한 것
갈 비	본갈비	대분할된 갈비 부위에서 제5~제6갈비뼈(늑골) 사이를 절단하여 제1갈비뼈에서 제5갈비뼈까지의 부위를 정형한 것
	꽃갈비	대분할된 갈비 부위에서 제5~제6갈비뼈(늑골) 사이와 제8~제9갈비뼈 사이를 절단하여 제6갈비뼈에서 제8갈비뼈까지의 부위를 정형한 것
	참갈비	대분할된 갈비 부위에서 제8~제9갈비뼈(늑골)사이를 절단하여 제9갈비뼈에서 제13갈비뼈까지의 부위를 정형한 것

갈비살	갈비 부위에서 뼈를 제거하여 살코기 부위만을 정형한 것(본갈비살, 꽃갈비살, 참갈비살로 표시할 수 있다)
마구리	대분할된 갈비 부위에서 등심 부위가 제거된 늑골두 부분과 양지가 분리된 가슴뼈(흉골)와 늑연골 부분으로서 늑골사이근(늑간근)이 붙어있는 부분을 따라 타원형으로 절단하여 분리한 것
토시살	제9등뼈(흉추)와 제1허리뼈(요추)에 부착되어 횡격막(안창살) 사이의 복강에 노출되어있는 근육으로 안창살과 등뼈에서 분리 정형한 것
안창살	갈비 안쪽의 가슴뼈(흉골) 끝에서 허리뼈(요추)까지 갈비를 가로질러 있는 얇고 평평하게 복강 내에 노출되어 분포하는 횡격막근으로 갈비뼈(늑골)에서 분리하여 정형한 것
제비추리	제1등뼈(흉추)에서 제6등뼈와 갈비뼈(늑골) 접합 부위를 따라 분포하는 띠 모양의 긴목근(경장근)으로 목심 및 등심이 분리되는 지점에서 직선으로 절단하여 정형한 것

소고기의 과학적 인문학

1판 1쇄 발행 2023년 6월 30일

지은이 박희찬

교정 신선미   편집 유별리   마케팅·지원 김혜지

펴낸곳 (주)하움출판사   펴낸이 문현광

이메일 haum1000@naver.com   홈페이지 haum.kr
블로그 blog.naver.com/haum1000   인스타 @haum1007

ISBN 979-11-6440-382-0 (03470)